水利部黄河水利委员会

黄河防洪工程概算定额

（试行）

黄河水利出版社

·郑州·

图书在版编目（CIP）数据

黄河防洪工程概算定额（试行）/水利部黄河水利委员会编. —郑州：黄河水利出版社，2014.8
ISBN 978-7-5509-0874-1

Ⅰ.①黄… Ⅱ.①水… Ⅲ.①黄河-防洪工程-概算定额 Ⅳ.①TV512

中国版本图书馆 CIP 数据核字(2014)第 191274 号

组稿编辑:王路平　电话:0371-66022212　E-mail:hhslwlp@126.com

出　版　社:黄河水利出版社
　　　　　　地址:河南省郑州市顺河路黄委会综合楼14层　邮政编码:450003
发行单位:黄河水利出版社
　　　　　　发行部电话:0371-66026940、66020550、66028024、66022620(传真)
　　　　　　E-mail:hhslcbs@126.com
承印单位:河南地质彩色印刷厂
开本:850 mm×1 168 mm　　1/32
印张:8.75
字数:220 千字　　　　　　　　　印数:1—1 500
版次:2014 年 8 月第 1 版　　　　印次:2014 年 8 月第 1 次印刷

定价:80.00 元

水利部黄河水利委员会文件

黄建管〔2014〕344 号

黄委关于发布《黄河防洪工程概算定额》(试行)的通知

机关有关部门、委属有关单位：

为了适应黄河水利工程造价管理工作的需要，合理确定和有效控制黄河防洪工程建设投资，提高投资效益，根据国家和水利部有关规定，结合黄河防洪工程建设实际，黄河水利委员会水利工程建设造价经济定额站组织编制了《黄河防洪工程概算定额》(试行)，经审查批准，现予以颁布，自 2014 年 10 月 1 日起执行。

《黄河防洪工程概算定额》(试行) 与水利部颁布的《水利建筑工程概算定额》(2002) 和《水利水电设备安装工程概算定额》(1999) 配套使用，在试行过程中如有问题请及时函告黄河水利委员会水利工程建设造价经济定额站。

水利部黄河水利委员会（章）
二〇一四年八月二十五日

总目录

第一篇 黄河防洪建筑工程概算定额

总 说 明

一、《黄河防洪建筑工程概算定额》（以下简称本定额）是根据黄河防洪工程建设实际，对水利部颁发的《水利建筑工程概算定额》（2002）的补充。章的编号与其一致，分为土方开挖工程、土石填筑工程、混凝土工程、钻孔灌浆工程、放淤工程、其他工程共六章及附录。

二、本定额适用于黄河防洪工程，是编制初步设计概算的依据。

三、本定额不包括冬季、雨季和特殊地区气候影响施工的因素及增加的设施费用。

四、本定额按一日三班（砌石工程按一日两班）作业施工、每班八小时工作制拟定。部分工程项目采用一日一班或一日两班制的，定额不作调整。

五、本定额的"工作内容"仅扼要说明主要施工过程及工序，次要的施工过程及工序和必要的辅助工作所需的人工、材料、机械也包括在定额内。

六、本定额的计量，按工程设计几何轮廓尺寸计算，即由完成每一有效单位实体所消耗的人工、材料、机械数量定额组成。其不构成实体的各种施工操作损耗、允许的超挖及超填量、合理的施工附加量、体积变化等已根据施工技术规范规定的合理消耗量，计入定额。

七、定额中人工、机械用量是指完成一个定额子目工作内容所需的全部人工和机械。包括基本工作、准备与结束、辅助生产、不可避免的中断、必要的休息、工程检查、交接班、班内工作干扰、夜间施工工效影响，以及常用工具和机械的维修、保养、加油、加水等全部工作。

八、定额中人工是指完成该定额子目工作内容所需的人工耗用量。包括基本用工和辅助用工，并按其所需技术等级分别列示出工长、高级工、中级工、初级工的工时及其合计数。

九、材料消耗定额（含其他材料费、零星材料费）是指完成一个定额子目工作内容所需要的全部材料耗用量。

1. 材料定额中，未列示品种、规格的，可根据设计选定的品种、规格计算，但定额数量不得调整。凡材料已列示了品种、规格的，编制概算单价时不予调整。

2. 材料定额中，凡一种材料名称之后，同时并列了几种不同型号规格的，如铅丝土袋笼定额中 8#、10# 铅丝，表示这种材料只能选用其中一种型号规格的定额进行计价。

3. 其他材料费和零星材料费，是指完成一个定额子目的工作内容，所必需的未列量材料费。如工作面内的脚手架、排架、操作平台等的摊销费，混凝土工程的养护用材料及其他用量较少的材料。

4. 材料从分仓库或相当于分仓库的材料堆放地至工作面的场内运输所需要的人工、机械及费用，已包括在各定额子目中。

十、机械台时定额（含其他机械费），是指完成一个定额子目工作内容所需的主要机械及次要辅助机械使用费。

1. 机械定额中，凡一种机械名称之后，同时并列几种型号规格的，如运输定额中的自卸汽车，表示这种机械只能选用其中一种型号规格的定额进行计价。

2. 其他机械费，是指完成一个定额子目的工作内容，所必需的次要机械使用费。

十一、本定额中其他材料费、零星材料费、其他机械费均以费率形式表示，其计算基数如下：

1. 其他材料费，以主要材料费之和为计算基数。

2. 零星材料费，以人工费、机械费之和为计算基数。

3. 其他机械费，以主要机械费之和为计算基数。

十二、定额用数字表示的适用范围

1. 只用一个数字表示的，仅适用于数字本身。当需要选用的定额介于两子目之间时，可用插入法计算。

2. 数字用上下限表示的，如 20~30，适用于大于 20、小于或等于 30 的数字范围。

目 录

第四章　混凝土工程

附　录

第一章

土方开挖工程

说　明

一、本章包括 0.5 m³挖掘机挖土方、0.5 m³挖掘机挖装土自卸汽车运输、清坡、淤区平整等定额，共 4 节。

二、本章定额的计量单位，除注明外，均按自然方计。

三、土方定额的名称

自然方，指未经扰动的自然状态的土方。

松方，指自然方经人工或机械开挖而松动过的土方。

四、本章定额中土类级别划分，除冻土外，均按土石十六级分类法的前四级划分土类级别。见附录 1。

五、推土机的推土距离，是指取土中心至卸土中心的距离。推土机推松土时，定额乘以 0.8 的系数。

六、挖掘机挖装土自卸汽车运输定额，系按挖装自然方拟定，挖装松土时，其中人工及挖掘机械乘以 0.85 的系数。

一 - 1 0.5 m³ 挖掘机挖土方

工作内容：挖松、堆放。

单位：100 m³

项　　目	单位	土类级别		
		Ⅰ～Ⅱ	Ⅲ	Ⅳ
工　　长	工时			
高 级 工	工时			
中 级 工	工时			
初 级 工	工时	5.0	5.0	5.0
合　　计	工时	5.0	5.0	5.0
零星材料费	%	5	5	5
挖 掘 机 0.5 m³	台时	1.35	1.48	1.61
编　　号		HF1001	HF1002	HF1003

一 – 2　0.5 m³挖掘机挖装土自卸汽车运输

工作内容：挖装、运输、卸除、空回。

（1）Ⅰ～Ⅱ类土

单位：100 m³

项　目	单位	运距（km）						增运 1 km
		≤0.5	1	2	3	4	5	
工　　　长	工时							
高　级　工	工时							
中　级　工	工时							
初　级　工	工时	9.9	9.9	9.9	9.9	9.9	9.9	
合　　　计	工时	9.9	9.9	9.9	9.9	9.9	9.9	
零星材料费	%	4	4	4	4	4	4	
挖掘机　0.5 m³	台时	1.41	1.41	1.41	1.41	1.41	1.41	
推土机　59 kW	台时	0.70	0.70	0.70	0.70	0.70	0.70	
自卸汽车　3.5 t	台时	11.22	14.51	19.03	23.33	27.47	31.50	3.54
5.0 t	台时	8.29	10.32	13.20	15.91	18.49	20.99	2.20
编　　　号		HF1004	HF1005	HF1006	HF1007	HF1008	HF1009	HF1010

（2）Ⅲ类土

单位：100 m³

项 目	单位	运距（km）						增运
		≤0.5	1	2	3	4	5	1 km
工　　长	工时							
高 级 工	工时							
中 级 工	工时							
初 级 工	工时	10.8	10.8	10.8	10.8	10.8	10.8	
合　　计	工时	10.8	10.8	10.8	10.8	10.8	10.8	
零星材料费	%	4	4	4	4	4	4	
挖 掘 机 0.5 m³	台时	1.55	1.55	1.55	1.55	1.55	1.55	
推 土 机 59 kW	台时	0.77	0.77	0.77	0.77	0.77	0.77	
自卸汽车 3.5 t	台时	12.33	15.94	20.91	25.64	30.19	34.62	3.89
5.0 t	台时	9.11	11.34	14.51	17.48	20.32	23.07	2.42
编　　号		HF1011	HF1012	HF1013	HF1014	HF1015	HF1016	HF1017

（3）Ⅳ类土

单位：100 m³

项 目	单位	运距（km）						增运 1 km
		≤0.5	1	2	3	4	5	
工 长	工时							
高 级 工	工时							
中 级 工	工时							
初 级 工	工时	11.8	11.8	11.8	11.8	11.8	11.8	
合 计	工时	11.8	11.8	11.8	11.8	11.8	11.8	
零星材料费	%	4	4	4	4	4	4	
挖 掘 机 0.5 m³	台时	1.68	1.68	1.68	1.68	1.68	1.68	
推 土 机 59 kW	台时	0.84	0.84	0.84	0.84	0.84	0.84	
自 卸 汽 车 3.5 t	台时	13.45	17.38	22.80	27.94	32.91	37.74	4.24
5.0 t	台时	9.93	12.36	15.82	20.09	22.15	25.14	2.64
编 号		HF1018	HF1019	HF1020	HF1021	HF1022	HF1023	HF1024

一-3 清 坡

适用范围：坡度 1:2.5~1:3。
工作内容：推松、运送、空回。

(1) 74 kW 推土机

单位：100 m²

项 目		单位	推运距离（m）				
			≤20	20~30	30~40	40~50	50~60
工 长		工时					
高 级 工		工时					
中 级 工		工时					
初 级 工		工时	0.17	0.22	0.27	0.32	0.37
合 计		工时	0.17	0.22	0.27	0.32	0.37
零星材料费		%	10	10	10	10	10
土类级别	Ⅰ~Ⅱ	推土机 台时	0.11	0.16	0.20	0.23	0.27
	Ⅲ	台时	0.12	0.17	0.21	0.26	0.30
	Ⅳ	台时	0.15	0.19	0.23	0.28	0.33
编 号			HF1025	HF1026	HF1027	HF1028	HF1029

注：本节定额按推至坡脚拟定，不含外运。

（2）88 kW 推土机

单位：100 m²

项　目		单位	推运距离（m）				
			≤20	20~30	30~40	40~50	50~60
工　　长		工时					
高 级 工		工时					
中 级 工		工时					
初 级 工		工时	0.15	0.19	0.24	0.29	0.34
合　　计		工时	0.15	0.19	0.24	0.29	0.34
零星材料费		%	10	10	10	10	10
土类级别	Ⅰ~Ⅱ	推土机 台时	0.10	0.14	0.18	0.21	0.25
	Ⅲ	台时	0.11	0.16	0.19	0.23	0.27
	Ⅳ	台时	0.12	0.17	0.21	0.25	0.29
编　号			HF1030	HF1031	HF1032	HF1033	HF1034

注：本节定额按推至坡脚拟定，不含外运。

一 - 4 淤区平整

适用范围：放淤工程。
工作内容：淤区顶面整平、辅助工作。

单位：100 m²

项 目	单位	推土机		
		74 kW	88 kW	103 kW
工 长	工时			
高 级 工	工时			
中 级 工	工时			
初 级 工	工时	0.73	0.67	0.58
合 计	工时	0.73	0.67	0.58
零星材料费	%	10	10	10
推 土 机 74 kW	台时	0.54		
88 kW	台时		0.49	
103 kW	台时			0.42
编 号		HF1035	HF1036	HF1037

第三章

土石填筑工程

说　明

一、本章包括淤区围、格堤土方压实，淤区包边土方压实，土牛土方修筑，房台土方压实，堤顶边埂修筑，土工包土方，土袋土方，铅丝土袋笼，水力充沙长管袋，人工抛石护根护坡，人工配合机械抛石护根，机械抛石护坡，机械抛石进占，乱石平整，干填腹石，装抛铅丝石笼，装铅丝石笼，柳石枕，柳石搂厢进占，浆砌石封顶，浆砌混凝土预制块，$1\,m^3$挖掘机装自卸汽车倒运备防石，$1\,m^3$装载机装自卸汽车倒运备防石，备防石码方等定额，共24节。

二、本章定额的计量单位

土方定额的计量单位，除注明外，均按自然方计。

石方定额的计量单位，除注明外，均按成品方计。

三、本章定额中，土料为自然方，砂为堆方，块石为码方。

四、本章定额中一般土方填筑工程土类级别划分见附录1，水力充沙长管袋土类级别划分见附录2。

三－1 淤区围、格堤土方压实

适用范围：放淤工程。
工作内容：推平、压实等。

单位：100 m³ 实方

项　　目	单位	干密度≤1.47 g/cm³
工　　长	工时	
高 级 工	工时	
中 级 工	工时	
初 级 工	工时	7.1
合　　计	工时	7.1
零星材料费	%	3
拖 拉 机　74 kW	台时	1.15
推 土 机　74 kW	台时	0.52
其他机械费	%	1
土料运输（自然方）	m³	109
编　　号		HF3001

三－2 淤区包边土方压实

适用范围：放淤工程，Ⅲ类土。
工作内容：平土、压实、削坡等。

单位：100 m³ 实方

项　　目	单位	干密度≤1.57 g/cm³
工　　长	工时	1.4
高 级 工	工时	
中 级 工	工时	
初 级 工	工时	42.0
合　　计	工时	43.4
零星材料费	%	9
小型振动碾　1.8 t	台时	4.95
土料运输（自然方）	m³	118
编　　号		HF3002

三 - 3 土牛土方修筑

适用范围：堤防工程。
工作内容：平土、挂线修整、拍实、修边。

单位：100 m³

项　目	单位	数量
工　　长	工时	1.2
高 级 工	工时	
中 级 工	工时	
初 级 工	工时	38.3
合　　计	工时	39.5
零星材料费	%	1
土料运输（自然方）	m³	101
编　　号		HF3003

三-4 房台土方压实

适用范围：工程管理用房。

工作内容：推平、洒水、压实、补边夯、削坡、辅助工作。

单位：100 m³ 实方

项　　目	单位	干密度≤1.6 g/cm³
工　　长	工时	
高 级 工	工时	
中 级 工	工时	
初 级 工	工时	26.1
合　　计	工时	26.1
零星材料费	%	10
推 土 机 74 kW	台时	0.52
拖 拉 机 74 kW	台时	1.68
小型振动碾 1.8 t	台时	0.49
土料运输（自然方）	m³	118
编　　号		HF3004

三 – 5 堤顶边埂修筑

适用范围：堤顶边埂、淤区顶部格堤。

工作内容：平土、挂线修整、拍实、修边。

单位：100 m³

项　　目	单位	数量
工　　长	工时	3.1
高　级　工	工时	
中　级　工	工时	
初　级　工	工时	151.1
合　　计	工时	154.2
零星材料费	%	1
土料运输（自然方）	m³	101
编　　号		HF3005

三-6 土工包土方

适用范围：河道整治工程。
工作内容：制包、装载机装土、封口、推土机抛填。

单位：100 m³ 成品方

项　　目	单位	长×宽×高：3.5 m×2.5 m×1.2 m
工　　长	工时	1.6
高　级　工	工时	
中　级　工	工时	
初　级　工	工时	78.9
合　　计	工时	80.5
土　　料	m³	118
土　工　布	m²	533
其他材料费	%	10
装　载　机　3 m³	台时	0.90
推　土　机　88 kW	台时	0.60
其他机械费	%	1
编　　号		HF3006

三 - 7 土袋土方

工作内容:人工装土、封包、装车、抛填。

单位: 100 m³ 成品方

项　　目	单位	数量
工　　长	工时	17.3
高　级　工	工时	
中　级　工	工时	
初　级　工	工时	847.0
合　　计	工时	864.3
土　　料	m³	118
编　织　袋　50 cm×85 cm	个	3300
其他材料费	%	1
机动翻斗车　1 t	台时	18.83
编　　号		HF3007

注:机动翻斗车运距 100 m 以内。

三－8 铅丝土袋笼

工作内容：编织袋装土、封包、编铅丝网、铺网、土袋装笼、封口。

单位：100 m³ 成品方

项　　目	单位	网格尺寸：20 cm×20 cm	
		1 m³ 铅丝笼 （1 m×1 m×1 m）	2 m³ 铅丝笼 （1 m×1 m×2 m）
工　　长	工时	31.7	31.1
高　级　工	工时		
中　级　工	工时	211.4	207.6
初　级　工	工时	813.7	799.5
合　　计	工时	1056.8	1038.2
土　　料	m³	118	118
编　织　袋 50 cm×85 cm	个	3300	3300
铅　　丝 8#	kg	610	507
10#	kg	467	389
其他材料费	%	1	1
编　　号		HF3008	HF3009

三 - 9 水力充沙长管袋

适用范围：水中进占，流速≤1.0 m/s。

工作内容：固定船只、长管袋铺设、水力冲挖机组开工展布、水力冲挖、长管袋充填、封袋、作业面转移、收工集合等。

(1) 水深≤1.2 m

I类土

单位：100 m³ 成品方

项 目	单位	排泥管线长度（m）						
		50~100	100~200	200~300	300~400	400~500	500~600
工 长 工	工时	3.8	3.8	3.8	3.8	3.8	3.8
高级工	工时	19.1	19.1	19.1	19.1	19.1	19.1
中级工	工时	167.7	167.9	168.3	168.3	168.4	168.4
初级工	工时	190.6	190.8	191.2	191.2	191.3	191.3
合 计	工时						

项　　目	单位	50~100	100~200	200~300	300~400	400~500	500~600
土　工　布	m²	770	770	770	770	770	770
其他材料费	%	5	5	5	5	5	5
高压水泵 15 kW	台时	6.23	7.70	9.69	12.03	14.09	15.22
水　枪　Φ65 mm 2 支	组时	6.23	7.70	9.69	12.03	14.09	15.22
泥　浆　泵 15 kW	台时	6.23	7.70	9.69	12.03	14.09	15.22
排　泥　管　Φ100 mm	百米时	6.23	12.46	18.68	24.92	31.15	37.38
机　动　船 25 kW	艘时	18.68	23.10	29.07	36.08	42.83	45.68
其他机械费	%	2	2	2	2	2	2
编　　号		HF3010	HF3011	HF3012	HF3013	HF3014	HF3015

排泥管线长度（m）

Ⅱ类土

单位：100 m³ 成品方

项目	单位	排泥管线长度（m）					
		50～100	100～200	200～300	300～400	400～500	500～600
工　长　工	工时	4.9	4.9	4.9	4.9	4.9	4.9
高　级　工	工时						
中　级　工	工时	24.6	24.6	24.7	24.7	24.7	24.7
初　级　工	工时	216.3	216.6	217.0	217.1	217.2	217.3
合　　　计	工时	245.8	246.1	246.6	246.7	246.8	246.9
土 工 布	m²	770	770	770	770	770	770
其他材料费	%	5	5	5	5	5	5
高压水泵 15 kW	台时	8.03	9.93	12.50	15.51	18.42	19.64
水　枪 Φ65 mm 2 支	组时	8.03	9.93	12.50	15.51	18.42	19.64
泥浆泵 15 kW	台时	8.03	9.93	12.50	15.51	18.42	19.64
排泥管 Φ100 mm	百米时	8.03	16.07	24.11	32.15	40.18	48.21
动　船 25 kW	艘时	24.11	29.80	37.50	46.55	55.25	58.93
其他机械费	%	2	2	2	2	2	2
编　　　号		HF3016	HF3017	HF3018	HF3019	HF3020	HF3021

（2）水深 1.2～2.0 m
I 类土

单位：100 m³ 成品方

项 目		单位	排泥管线长度（m）					
			50～100	100～200	200～300	300～400	400～500	500～600
工 长		工时	4.2	4.2	4.2	4.3	4.3	4.3
高 级 工		工时						
中 级 工		工时	21.2	21.2	21.2	21.2	21.3	21.3
初 级 工		工时	186.3	186.5	186.9	187.0	187.1	187.2
合 计		工时	211.7	211.9	212.3	212.5	212.7	212.8
土 工 布		m²	770	770	770	770	770	770
其他材料费		%	5	5	5	5	5	5
高 压 水 泵	15 kW	台时	6.23	7.70	9.69	12.03	14.09	15.22
水 枪	Φ65 mm 2 支	组时	6.23	7.70	9.69	12.03	14.09	15.22
泥 浆 泵	15 kW	台时	6.23	7.70	9.69	12.03	14.09	15.22
排 泥 管	Φ100 mm	百米时	6.23	12.46	18.68	24.92	31.15	37.38
机 动 船	25 kW	艘时	31.15	38.50	48.45	60.13	71.38	76.14
其他机械费		%	2	2	2	2	2	2
编 号			HF3022	HF3023	HF3024	HF3025	HF3026	HF3027

II 类土

单位：100 m³ 成品方

项 目	单位	排泥管管线长度（m）					
		50～100	100～200	200～300	300～400	400～500	500～600
工 长	工时	5.5	5.5	5.5	5.5	5.5	5.5
高级工	工时						
中级工	工时	27.3	27.3	27.4	27.4	27.4	27.4
初级工	工时	240.3	240.6	241.2	241.3	241.3	241.4
合 计	工时	273.1	273.4	274.1	274.2	274.2	274.3
土工布	m²	770	770	770	770	770	770
其他材料费	%	5	5	5	5	5	5
高压水泵 15 kW	台时	8.03	9.93	12.50	15.51	18.42	19.64
水 枪 Φ65 mm 2 支	组时	8.03	9.93	12.50	15.51	18.42	19.64
泥浆泵 15 kW	台时	8.03	9.93	12.50	15.51	18.42	19.64
排泥管 Φ100 mm	百米时	8.03	16.07	24.11	32.15	40.18	48.21
动 船 25 kW	艘时	40.18	49.67	62.50	77.57	92.08	98.22
其他机械费	%	2	2	2	2	2	2
编 号		HF3028	HF3029	HF3030	HF3031	HF3032	HF3033

三－10 人工抛石护根护坡

工作内容：险工护根：安拆抛石排，人工装、运、卸、抛投（包括二次抛投）、填塞。

险工护坡，控导工程护根、护坡：人工装、运、卸、抛投、填塞。

单位：100 m³ 抛投方

项　　目	单位	险工护根	险工护坡	控导工程护根、护坡
工　　长	工时	5.7	4.1	4.5
高　级　工	工时			
中　级　工	工时	28.6		
初　级　工	工时	251.9	202.0	222.2
合　　计	工时	286.2	206.1	226.7
块　　石	m³	103	103	103
其他材料费	%	2	1	1
胶　轮　车	台时	50.03	50.03	50.03
编　　号		HF3034	HF3035	HF3036

三 –11 人工配合机械抛石护根

适用范围：险工工程。

工作内容：安拆抛石排、运石、抛投（包括人工二次抛投）。

单位：100 m³ 抛投方

项　　目	单位	挖掘机	装载机
工　　长	工时	2.3	2.3
高 级 工	工时		
中 级 工	工时	11.3	11.3
初 级 工	工时	99.8	99.8
合　　计	工时	113.4	113.4
块　　石	m³	103	103
其他材料费	%	2	2
挖 掘 机 1 m³	台时	1.34	
装 载 机 1 m³	台时		0.94
编　　号		HF3037	HF3038

三－12　机械抛石护坡

适用范围：险工、控导工程。
工作内容：装、运、抛投、空回。

单位：100 m³ 抛投方

项　　目	单位	挖掘机	装载机
工　　长	工时		
高　级　工	工时		
中　级　工	工时		
初　级　工	工时	3.3	3.3
合　　计	工时	3.3	3.3
块　　石	m³	103	103
其他材料费	%	1	1
挖 掘 机　1 m³	台时	1.34	
装 载 机　1 m³	台时		0.94
编　　号		HF3039	HF3040

三-13 机械抛石进占

适用范围：水中进占坝体施工。

工作内容：装、运、卸、空回，抛投。

（1）1 m³ 挖掘机装自卸汽车运输抛石进占

单位：100 m³ 抛投方

项 目	单位	运距（m）		
		200	300	400
工 长	工时			
高 级 工	工时			
中 级 工	工时			
初 级 工	工时	8.9	8.9	8.9
合 计	工时	8.9	8.9	8.9
块 石	m³	103	103	103
其他材料费	%	1	1	1
挖 掘 机 1 m³	台时	2.99	2.99	2.99
自卸汽车 8 t	台时	4.18	4.84	5.48
10 t	台时	3.81	4.41	5.00
12 t	台时	3.45	4.00	4.53
15 t	台时	2.85	3.30	3.74
编 号		HF3041	HF3042	HF3043

（2）1 m³ 装载机装自卸汽车运输抛石进占

项　　目	单位	运距（m）		
		200	300	400
工　　长	工时			
高　级　工	工时			
中　级　工	工时			
初　级　工	工时	11.1	11.1	11.1
合　　计	工时	11.1	11.1	11.1
块　　石	m³	103	103	103
其他材料费	%	1	1	1
挖　掘　机　1 m³	台时	1.60	1.60	1.60
装　载　机　1 m³	台时	2.09	2.09	2.09
推　土　机　88 kW	台时	1.05	1.05	1.05
自卸汽车　8 t	台时	4.88	5.54	6.18
10 t	台时	4.51	5.11	5.70
12 t	台时	4.15	4.70	5.23
15 t	台时	3.55	4.00	4.44
编　　号		HF3044	HF3045	HF3046

三－14 乱石平整

适用范围：抛石护坡、护根（水上部分），表面平整。

工作内容：拣平、插严、填实。

单位：100 m²

项　　目	单位	数量
工　　长	工时	0.8
高 级 工	工时	
中 级 工	工时	
初 级 工	工时	42.8
合　　计	工时	43.6
编　　号		HF3047

三 –15 干填腹石

适用范围：险工、控导工程。
工作内容：运石、填石、插严。

单位：100 m³ 砌体方

项 目	单位	挖掘机	装载机
工 长	工时	5.6	5.6
高 级 工	工时		
中 级 工	工时	85.7	85.7
初 级 工	工时	185.1	185.1
合 计	工时	276.4	276.4
块 石	m³	105	105
其他材料费	%	1	1
挖 掘 机 1 m³	台时	1.36	
装 载 机 1 m³	台时		0.95
编 号		HF3048	HF3049

三－16　装抛铅丝石笼

(1) 人工编铅丝网片

适用范围：险工、控导工程。

工作内容：平整场地、截丝、放样钉桩、穿丝、编铅丝网片，铺
设垫桩或抛笼架、运石、装笼、封口、抛笼。

单位：100 m³

项　　目	单位	网格尺寸：15 cm×15 cm			
		1 m³ 铅丝笼 (1 m×1 m×1 m)		2 m³ 铅丝笼 (1 m×1 m×2 m)	
		8#+12#铅丝	10#铅丝	8#+12#铅丝	10#铅丝
工　　长	工时	4.9	4.9	4.6	4.6
高　级　工	工时				
中　级　工	工时	147.9	147.9	136.4	136.4
初　级　工	工时	91.8	91.8	91.8	91.8
合　　计	工时	244.6	244.6	232.8	232.8
块　　石	m³	108	108	108	108
铅　丝 8#	kg	245		204	
10#	kg		654		545
12#	kg	299		249	
其他材料费	%	1	1	1	1
挖　掘　机 1 m³	台时	1.40	1.40	1.40	1.40
编　　　号		HF3050	HF3051	HF3052	HF3053

（2）机械编铅丝网片

适用范围：险工、控导工程。

工作内容：编铅丝网片，铺设垫桩或抛笼架、运石、装笼、封口、抛笼。

单位：100 m³

项　　目	单位	网格尺寸：15 cm×15 cm	
		1 m³ 铅丝笼 （1 m×1 m×1 m）	2 m³ 铅丝笼 （1 m×1 m×2 m）
工　　　　长	工时	3.5	3.5
高　级　工	工时		
中　级　工	工时	78.0	78.0
初　级　工	工时	91.8	91.8
合　　　计	工时	173.3	173.3
块　　　石	m³	108	108
铅　　丝 10#	kg	654	545
其 他 材 料 费	%	1	1
挖　掘　机　1 m³	台时	1.40	1.40
铅丝笼网片编织机　22 kW	台时	1.05	0.67
编　　号		HF3054	HF3055

三 - 17 装铅丝石笼

适用范围：险工、控导工程旱地铅丝石笼护根。

工作内容：人工编铅丝网片：平整场地、截丝、放样钉桩、穿
丝、编铅丝网片，运石、装笼、石料排整、封笼。
机械编铅丝网片：编铅丝网片，运石、装笼、石料
排整、封笼。

单位：100 m³

项　　　目	单位	网格尺寸：15 cm×15 cm		
		2 m³ 铅丝笼（1 m×1 m×2 m）		
		人工编铅丝网片		机械编铅丝网片
		8# +12#铅丝	10#铅丝	10#铅丝
工　　　长	工时	7.0	7.0	5.9
高　级　工	工时			
中　级　工	工时	189.4	189.4	131.0
初　级　工	工时	154.3	154.3	154.3
合　　　计	工时	350.7	350.7	291.2
块　　　石	m³	108	108	108
铅　　丝 8#	kg	204		
10#	kg		545	545
12#	kg	249		
其 他 材 料 费	%	0.5	0.5	0.5
挖　掘　机 1 m³	台时	1.40	1.40	1.40
铅丝笼网片编织机 22 kW	台时			0.67
编　　　号		HF3056	HF3057	HF3058

三 - 18 柳石枕

适用范围：捆抛柳石枕：水中进占坝体施工。

　　　　　捆柳石枕：旱坝根石固脚施工。

工作内容：平整场地、铺垫木桩、截铅丝、运料、铺柳料、摆
　　　　　石、盖柳料、捆枕、抛枕。

单位：100 m³

项　　目	单位	捆抛柳石枕	捆柳石枕
工　　长	工时	6.5	6.5
高　级　工	工时	22.8	19.4
中　级　工	工时	45.4	38.6
初　级　工	工时	249.8	249.8
合　　计	工时	324.5	314.3
块　　石	m³	30	30
铅　丝 8#	kg	132	132
柳　　料	kg	12600	12600
木　　桩	根	10	10
麻　　绳	kg	100	100
其他材料费	%	1	1
装 载 机 3 m³	台时	2.89	2.89
编　　号		HF3059	HF3060

三-19 柳石搂厢进占

适用范围：水中进占坝体施工。
工作内容：打桩、捆厢船定位、铺底钩绳、运料、铺料、拴绳、
搂绳，完成第一批，依次续修。

单位：100 m³

项　　目	单位	数量
工　　长	工时	6.7
高 级 工	工时	20.7
中 级 工	工时	38.7
初 级 工	工时	267.5
合　　计	工时	333.6
块　　石	m³	25
铅　丝 8#	kg	50
柳　　料	kg	14400
木　　桩	根	20
麻　　绳	kg	225
其他材料费	%	1
装 载 机 3 m³	台时	2.41
机 动 船 11 kW	艘时	3.03
编　　号		HF3061

三-20 浆砌石封顶

工作内容：选石、修石、冲洗、运输、拌制砂浆、坐浆、砌筑、勾缝。

单位：100 m³ 砌体方

项　目	单位	数量
工　长	工时	18.2
高 级 工	工时	
中 级 工	工时	373.0
初 级 工	工时	518.6
合　计	工时	909.8
块　石	m³	108
砂　浆	m³	34.4
其他材料费	%	0.5
胶 轮 车	台时	161.18
编　号		HF3062

三 – 21 浆砌混凝土预制块

适用范围：护坡护底。

工作内容：冲洗、拌浆、场内运输、砌筑、勾缝。

单位：100 m³ 砌体方

项　　　目	单位	护坡		护底
		平面	曲面	
工　　　长	工时	13.9	15.8	12.3
高　级　工	工时			
中　级　工	工时	266.7	303.2	235.3
初　级　工	工时	411.6	468.1	363.2
合　　　计	工时	692.2	787.1	610.8
混凝土预制块	m³	92	92	92
砂　　　浆	m³	16	16	16
其他材料费	%	0.5	0.5	0.5
砂浆搅拌机	台时	2.97	2.97	2.97
胶　轮　车	台时	125.11	125.11	125.11
编　　　号		HF3063	HF3064	HF3065

三－22 1 m³挖掘机装自卸汽车倒运备防石

工作内容：装、运、卸、堆存、运回。

单位：100 m³ 成品码方

项　目	单位	运距（m）			
		200	300	400	500
工　　长	工时				
高 级 工	工时				
中 级 工	工时				
初 级 工	工时	18.6	18.6	18.6	18.6
合　　计	工时	18.6	18.6	18.6	18.6
零星材料费	%	2	2	2	2
挖 掘 机 1 m³	台时	2.84	2.84	2.84	2.84
自卸汽车 8 t	台时	8.54	9.88	11.18	12.55
10 t	台时	7.78	8.99	10.20	11.43
12 t	台时	7.05	8.16	9.16	10.36
15 t	台时	5.83	6.73	7.63	8.56
编　　号		HF3066	HF3067	HF3068	HF3069

三－23　1 m³装载机装自卸汽车倒运备防石

工作内容：装、运、卸、堆存、运回。

单位：100 m³ 成品码方

项　　目	单位	运距（m）			
		200	300	400	500
工　　长	工时				
高　级　工	工时				
中　级　工	工时				
初　级　工	工时	23.4	23.4	23.4	23.4
合　　计	工时	23.4	23.4	23.4	23.4
零星材料费	%	2	2	2	2
装 载 机　1 m³	台时	4.39	4.39	4.39	4.39
推 土 机　88 kW	台时	2.14	2.14	2.14	2.14
自 卸 汽 车　8 t	台时	9.96	11.31	12.61	13.97
10 t	台时	9.21	10.42	11.62	12.85
12 t	台时	8.47	9.58	10.67	11.78
15 t	台时	7.25	8.16	9.05	9.98
编　　号		HF3070	HF3071	HF3072	HF3073

三－24 备防石码方

工作内容：备防石码方：分垛、码方、顶面排整。

抹边、抹角：拌制砂浆、抹边、抹角。

项　　　目	单位	备防石码方 （100 m³ 成品码方）	抹边、抹角 （100 m²）
工　　　长	工时	6.5	3.7
高　级　工	工时		
中　级　工	工时	130.3	82.8
初　级　工	工时	188.9	101.7
合　　　计	工时	325.7	188.2
砂　　　浆	m³		5.83
零星材料费	%	2	
编　　　号		HF3074	HF3075

第四章

混凝土工程

说　明

一、本章包括涵洞、桥板、桥面铺装、盖梁、耳背墙、桥头搭板、封顶板、预制混凝土闸门、预制安装混凝土梁、预制安装混凝土板、预制混凝土块、预制安装混凝土栏杆、支座安装、汽车起重机吊运混凝土、涵洞表面止水、聚硫密封胶填缝、混凝土表面环氧砂浆补强、伸缩缝等定额，共 18 节。

二、本章定额的计量单位，除注明者外，均为建筑物或构筑物的成品实体方。

三、现浇混凝土定额不含模板的制作、安装、拆除、修整。

四、预制混凝土定额中的模板材料为单位混凝土成品方的摊销量，已考虑了周转。

五、混凝土材料定额中的"混凝土"，系指完成单位产品所需的混凝土半成品量，其中包括干缩、运输、浇筑和超填等损耗的消耗量在内。混凝土半成品的单价，为配制混凝土所需水泥、骨料、水、掺和料及外加剂等的费用之和。各项材料用量定额，按试验资料计算；无试验资料时，可采用水利部颁发的《水利建筑工程概算定额》（2002）附录中的混凝土材料配合比表列示量。

六、本章定额中，不包括骨料预冷、加冰、通水等温控所需的人工、材料、机械的数量和费用。

七、混凝土浇筑

1. 混凝土浇筑定额中包括浇筑和工作面运输所需的全部人工、材料和机械的数量及费用。

2. 混凝土构件预制及安装定额，包括预制及安装过程中所需的人工、材料、机械的数量和费用。若预制混凝土构件单位重量超过定额中起重机械起重量时，可用相应起重量机械替换，台时量不变。

四-1 涵　洞

适用范围：各种现浇涵洞。

工作内容：冲毛、清洗、浇筑、振捣、养护及工作面运输等。

单位：100 m³

项　目	单位	顶板衬砌厚度（cm）			
		30	40	50	60
工　　长	工时	18.0	15.1	12.9	11.2
高　级　工	工时	30.1	25.2	21.4	18.6
中　级　工	工时	329.7	277.6	236.3	205.8
初　级　工	工时	221.9	186.7	158.9	138.4
合　　计	工时	599.7	504.6	429.5	374.0
混　凝　土	m³	103	103	103	103
水	m³	77	66	56	46
其他材料费	%	0.5	0.5	0.5	0.5
振　动　器　1.1 kW	台时	53.53	45.42	37.38	29.40
风　水　枪	台时	38.25	28.90	22.46	18.89
其他机械费	%	10	10	10	10
混凝土拌制	m³	103	103	103	103
混凝土运输	m³	103	103	103	103
编　号		HF4001	HF4002	HF4003	HF4004

四 - 2 桥 板

适用范围：水闸工作桥。
工作内容：清洗、浇筑、振捣、养护及工作面运输等。

单位：100 m³

项　目	单位	数量
工　　长	工时	17.8
高　级　工	工时	59.3
中　级　工	工时	338.1
初　级　工	工时	178.0
合　　　计	工时	593.2
混　凝　土	m³	103
水	m³	153
其他材料费	%	2
振　动　器　1.1 kW	台时	41.09
风　水　枪	台时	2.10
其他机械费	%	20
混凝土拌制	m³	103
混凝土运输	m³	103
编　　号		HF4005

四-3 桥面铺装

适用范围：桥梁。

工作内容：水泥混凝土：混凝土配料、拌和、运输、浇筑、振捣
及养护等。

沥青混凝土：沥青及骨料加热、配料、拌和、运输、
摊铺碾压等。

单位：100 m³

项 目	单位	水泥混凝土	沥青混凝土
工 长	工时	43.5	19.2
高 级 工	工时		
中 级 工	工时	536.6	236.4
初 级 工	工时	870.1	383.5
合 计	工时	1450.2	639.1
混 凝 土	m³	103	
水 泥	t		0.14
石 油 沥 青	t		12.37
砂	m³		47.56
矿 粉	t		12.97
石 屑	m³		26.36
路 面 用 碎 石	m³		73.01
水	m³	153	
其 他 材 料 费	%	1	3

项　　目	单位	水泥混凝土	沥青混凝土
轮 胎 装 载 机　1.0 m³ 以内	台时		10.08
内 燃 压 路 机　6~8 t	台时		11.42
内 燃 压 路 机　12~15 t	台时		10.75
搅　　拌　　机　0.4 m³	台时	17.47	
振 动 器　平板式　2.2 kW	台时	37.34	
混 凝 土 切 缝 机	台时	56.45	
沥青混凝土搅拌机　0.15 m³	台时		45.94
机 动 翻 斗 车　1 t	台时	57.12	57.12
其 他 机 械 费	%	2	2
编　　　号		HF4006	HF4007

注：垫层混凝土套用部颁相关定额。

四－4 盖 梁

适用范围：桥梁。
工作内容：冲毛、清洗、浇筑、振捣、养护及工作面运输等。

单位：100 m³

项 目	单位	数量
工 长	工时	27.2
高 级 工	工时	90.6
中 级 工	工时	516.6
初 级 工	工时	271.9
合 计	工时	906.3
混 凝 土	m³	103
水	m³	122
其他材料费	%	2
振 动 器 1.1 kW	台时	37.38
风 水 枪	台时	7.81
其他机械费	%	10
混凝土拌制	m³	103
混凝土运输	m³	103
编 号		HF4008

四 – 5　耳背墙

适用范围：桥梁。
工作内容：冲毛、清洗、浇筑、振捣、养护及工作面运输等。

单位：100 m³

项　　目	单位	数量
工　　长	工时	34.1
高　级　工	工时	113.7
中　级　工	工时	648.2
初　级　工	工时	341.1
合　　计	工时	1137.1
混　凝　土	m³	103
水	m³	122
其他材料费	%	2
振 动 器 1.1 kW	台时	37.38
风　水　枪	台时	7.81
其他机械费	%	10
混凝土拌制	m³	103
混凝土运输	m³	103
编　　号		HF4009

四 - 6 桥头搭板

适用范围：桥梁。

工作内容：清洗、浇筑、振捣、养护及工作面运输等。

单位：100 m³

项　　目	单位	数量
工　　长	工时	25.1
高　级　工	工时	83.8
中　级　工	工时	478.1
初　级　工	工时	251.6
合　　计	工时	838.6
混　凝　土	m³	103
水	m³	122
其他材料费	%	2
振　动　器　1.1 kW	台时	46.73
风　水　枪	台时	9.77
其他机械费	%	10
混凝土拌制	m³	103
混凝土运输	m³	103
编　　号		HF4010

注：本定额也适用于桥头搭板下的枕梁。

四 –7 封顶板

适用范围：护坡封顶。

工作内容：坦石顶部冲毛、清洗、浇筑、振捣、养护及工作面运
输等。

单位：100 m³

项　　目	单位	数量
工　　长	工时	21.8
高 级 工	工时	36.4
中 级 工	工时	291.2
初 级 工	工时	378.5
合　　计	工时	727.9
混 凝 土	m³	103
水	m³	122
其他材料费	%	2
振 动 器 1.1 kW	台时	46.73
风 水 枪	台时	15.67
其他机械费	%	10
混凝土拌制	m³	103
混凝土运输	m³	103
编　　号		HF4011

四-8 预制混凝土闸门

适用范围：水闸。

工作内容：模板的制作安装、拆除、修理，混凝土拌制、场内运输、浇筑、养护。

单位：100 m³

项目	单位	平板式			梁板式
		每扇闸门的体积（m³）			
		≤2	2~4	>4	
工　　　长	工时	86.7	77.4	68.1	116.8
高　级　工	工时	281.8	251.3	221.2	379.5
中　级　工	工时	1084.0	966.8	851.0	1459.5
初　级　工	工时	715.4	638.1	561.7	963.3
合　　　计	工时	2167.9	1933.6	1702.0	2919.1
锯　　　材	m³				2.41
钢　模　板	kg	625.60	611.03	603.74	638.64
型　　　钢	kg	294.39	287.54	284.11	300.21
卡　扣　件	kg	394.28	385.10	380.51	402.38
铁　　　件	kg	1785.00	1759.50	1734.00	2448.00
电　焊　条	kg	22.03	21.30	20.43	29.91
混　凝　土	m³	102	102	102	102
水	m³	275	275	275	275
其他材料费	%	2	2	2	2
汽车起重机　5 t	台时	21.00	21.00	21.00	21.00
振动器　平板式　2.2 kW	台时	48.30	44.10	42.00	63.84
载重汽车　5 t	台时	1.51	1.51	1.51	1.51
电焊机　25 kVA	台时	25.69	25.31	25.03	35.21
其他机械费	%	15	15	15	15
混凝土拌制	m³	102	102	102	102
混凝土运输	m³	102	102	102	102
编　　　号		HF4012	HF4013	HF4014	HF4015

四 - 9 预制安装混凝土梁

适用范围：水闸桥梁。

工作内容：预制场冲洗、清理、配料、拌制、浇筑、振捣、养护，模板制作、安装、拆除、修整，现场冲洗、拌浆、吊装、砌筑、勾缝及场内运输。

项 目	单位	T 形梁	矩形梁
工 长	工时	129.2	96.0
高 级 工	工时	565.5	457.8
中 级 工	工时	1781.1	1367.0
初 级 工	工时	910.9	637.7
合 计	工时	3386.7	2558.5
水 泥 砂 浆	m³	0.20	0.20
锯 材	m³	0.60	0.24
钢 模 板	kg	1020.00	714.00
钢 筋	kg	20.40	14.28
型 钢	kg	153.00	153.00
钢 板	kg	642.60	553.86
铁 件	kg	134.64	47.12
电 焊 条	kg	197.88	169.32
混 凝 土	m³	102	102
水	m³	184	184
其他材料费	%	2	2

项　　目	单位	T形梁	矩形梁
混凝土搅拌机　0.4 m³	台时	22.85	22.85
振　动　器　1.1 kW	台时	51.03	46.20
载　重　汽　车　5 t	台时	1.49	1.49
汽　车　起　重　机　10 t	台时	21.00	21.00
25 t	台时	47.71	47.71
胶　轮　车	台时	97.44	97.44
电　焊　机　25 kVA	台时	113.57	68.15
其 他 机 械 费	%	13	13
编　　号		HF4016	HF4017

四 –10　预制安装混凝土板

适用范围：水闸桥梁。

工作内容：预制场冲洗、清理、配料、拌制、浇筑、振捣、养护，模板制作、安装、拆除、修整，现场冲洗、拌浆、吊装、砌筑、勾缝及场内运输。

项　　目	单位	矩形板	空心板
工　　　　长	工时	106.8	133.1
高　级　工	工时	347.0	432.5
中　级　工	工时	1334.9	1663.7
初　级　工	工时	881.1	1098.1
合　　　　计	工时	2669.8	3327.4
锯　　　　材	m^3	0.38	0.58
组合钢模板	kg	153.00	193.80
钢　　　　板	kg		153.00
型　　　　钢	kg	122.40	112.20
铁　　　　钉	kg		4.08
铁　　　　件	kg	55.08	104.04
混　凝　土	m^3	102	102
水	m^3	184	184
油　毛　毡	m^2	201.96	
其他材料费	%	2	2

项　　　目	单位	矩形板	空心板
混凝土搅拌机　0.4 m³	台时	22.85	22.85
振　动　器　平板式　2.2 kW	台时	25.20	25.20
载　重　汽　车　5 t	台时	0.65	0.65
汽　车　起　重　机　8 t	台时	74.59	
20 t	台时		43.86
胶　轮　车	台时	97.44	97.44
其　他　机　械　费	%	15	15
编　　　号		HF4018	HF4019

注：现浇企口混凝土及插缝砂浆套用桥面铺装定额。

四－11 预制混凝土块

适用范围：护坡护底。

工作内容：模板制作、安装、拆除、修理，混凝土拌制、场内运输、浇筑、养护、堆放。

单位：100 m^3

项　　　目	单位	数量
工　　　长	工时	66.0
高　级　工	工时	214.7
中　级　工	工时	825.8
初　级　工	工时	545.0
合　　　计	工时	1651.5
组合钢模板	kg	75.64
铁　　　件	kg	14.27
混　凝　土	m^3	102
水	m^3	245
其他材料费	%	1
混凝土搅拌机　0.4 m^3	台时	19.28
振　动　器　1.1 kW	台时	46.20
载重汽车　5 t	台时	1.05
胶　轮　车	台时	97.44
其他机械费	%	7
编　　　号		HF4020

四－12 预制安装混凝土栏杆

适用范围：桥梁。

工作内容：预制场冲洗、清理、配料、拌制、浇筑、振捣、养护，模板制作、安装、拆除、修整，现场冲洗、拌浆、吊装、砌筑、勾缝及场内运输。

单位：100 m³

项　　目	单位	数量
工　　　长	工时	248.9
高　级　工	工时	706.3
中　级　工	工时	3317.6
初　级　工	工时	2742.1
合　　　计	工时	7014.9
锯　　材	m³	0.88
组合钢模板	kg	1339.26
型　　钢	kg	144.23
铁　　件	kg	493.47
水 泥 砂 浆	m³	9.38
油 毛 毡	m²	244.80
石 油 沥 青	t	1.84
煤	t	1.63
混　凝　土	m³	103
水	m³	165
其他材料费	%	0.5
混凝土搅拌机　0.4 m³	台时	19.47
振　动　器　1.1 kW	台时	46.66
载 重 汽 车　5 t	台时	1.10
胶　轮　车	台时	98.41
其他机械费	%	7
编　　　号		HF4021

四 – 13　支座安装

适用范围：桥梁。

工作内容：预埋钢板、预埋钢筋、电焊、砂浆拌制、接触面抹
平、支座安装。

单位：1 dm³

项　目	单位	板式橡胶支座	四氟板式橡胶支座
工　　　　长	工时	0.1	0.1
高　级　工	工时	0.5	0.5
中　级　工	工时	0.5	0.5
初　级　工	工时	0.5	0.5
合　　　　计	工时	1.6	1.6
钢　　　　筋	kg		1.02
钢　　　　板	kg		11.2
电　焊　条	kg		0.10
四氟板式组合支座	dm³		1.02
板式橡胶支座	dm³	1.02	
其 他 材 料 费	%	1	1
电　焊　机　25 kVA	台时		0.14
其 他 机 械 费	%		5
编　　号		HF4022	HF4023

四 – 14 汽车起重机吊运混凝土

工作内容：指挥、挂脱吊钩、吊运、卸料入仓或贮料斗，吊回混
凝土罐、清洗。

单位：100 m³

项 目	单位	吊运高度（m）	
		≤10	>10
工 长	工时		
高 级 工	工时		
中 级 工	工时	29.9	37.4
初 级 工	工时	14.9	18.6
合 计	工时	44.8	56.0
零星材料费	%	10	10
汽车起重机 10 t	台时	7.04	8.80
混凝土吊罐 1 m³	台时	7.04	8.80
编 号		HF4024	HF4025

四–15 涵洞表面止水

工作内容：裁剪、铺展、混凝土面烘干、固定等。

单位：100 m

项　　目	单位	桥型橡皮	平板橡皮
工　　　　长	工时	10.0	46.4
高　级　工	工时	70.7	301.8
中　级　工	工时	60.6	288.3
初　级　工	工时	60.6	291.6
合　　　　计	工时	201.9	928.1
橡胶止水带	m	107	107
镀锌螺母　M16	个	2060	
预埋螺栓　Φ16 mm×330 mm	个	1030	
槽　　　钢　[8	kg	1489	
扁　　　钢　−47×5	kg	343	
环氧树脂	kg		67.24
甲　　苯	kg		10.15
二　丁　酯	kg		10.15
乙　二　胺	kg		5.96
水	m³		38
水　　泥	t		0.32
砂	m³		1.03
铅　　丝	kg		60.38
其他材料费	%	1	1
编　　号		HF4026	HF4027

四－16 聚硫密封胶填缝

工作内容：缝面清理、吹扫、拌料、填料、整平。

单位：m³

项 目	单位	数量
工 长	工时	11.1
高 级 工	工时	77.8
中 级 工	工时	66.6
初 级 工	工时	66.6
合 计	工时	222.1
聚硫密封胶	kg	1683
灌 注 器	只	1.02
清 洗 剂	kg	17.00
其他材料费	%	1
胶 轮 车	台时	43.75
编 号		HF4028

四-17 混凝土表面环氧砂浆补强

适用范围：混凝土表面的缺陷修补、补强与加固处理。
工作内容：修补面凿毛加糙、清洗，环氧砂浆配料，混凝土表面
修补及养护。

单位：m³

项　　目	单位	数量
工　　长	工时	4.4
高　级　工	工时	31.9
中　级　工	工时	27.5
初　级　工	工时	118.8
合　　计	工时	182.6
环氧树脂	kg	415.64
乙　二　胺	kg	45.73
二　丁　酯	kg	45.73
丙　　酮	kg	191.20
水　　泥	t	0.42
细　　砂	m³	0.84
其他材料费	%	1
编　　号		HF4029

四 –18 伸缩缝

工作内容：清洗缝面、裁剪、填料。

单位：100 m²

项　目	单位	泡沫板
工　长	工时	
高　级　工	工时	
中　级　工	工时	10.3
初　级　工	工时	10.3
合　计	工时	20.6
填缝材料　聚乙烯泡沫板	m²	104
闭孔低发泡沫塑料板	m²	104
其他材料费	%	0.5
编　号		HF4030

第七章

钻孔灌浆工程

说　明

　　一、本章包括回旋钻造灌注桩孔、振冲防渗墙、锥探灌浆、堤防裂缝处理灌浆等定额，共 4 节。

　　二、本章定额中的地层分类划分见附录 3。

七-1 回旋钻造灌注桩孔

工作内容：固壁泥浆制备，护筒埋设，钻机及管路安拆，定位，钻进，清孔，钻机转移，泥浆池沉渣清理等。

(1) 孔深 30 m 以内，桩径 0.8 m

单位：100 m

项　　目		单位	地层			
			砂壤土	黏土	砂砾	砾石
工　　　　长		工时	37.2	38.7	56.1	78.7
高　级　工		工时	148.8	154.7	224.4	314.9
中　级　工		工时	409.2	425.5	617.2	866.0
初　级　工		工时	148.8	154.7	224.4	314.9
合　　　计		工时	744.0	773.6	1122.1	1574.5
锯　　材		m³	0.08	0.08	0.08	0.08
钢　护　筒		t	0.08	0.08	0.08	0.08
电　焊　条		kg	0.80	1.60	2.40	4.00
铁　　件		kg	0.80	0.80	0.80	0.80
黏　　土		t	70.86	50.00	91.72	91.72
水		m³	176	144	248	248
其他材料费		%	2	2	2	2
回旋钻机	Φ1500 mm 以内	台时	110.75	122.61	201.72	317.08
挖　掘　机	1 m³	台时	1.98	1.98	1.98	1.98
履带式起重机	15 t	台时	8.24	8.24	8.24	8.24
载 重 汽 车	15 t	台时	9.06	9.06	9.06	9.06
电　焊　机	25 kVA	台时	0.66	1.98	2.47	3.30
泥浆搅拌机		台时	25.22	17.80	32.65	32.65
汽车起重机	5 t	台时	1.03	1.03	1.03	1.03
其他机械费		%	3	3	3	3
编　　　号			HF7001	HF7002	HF7003	HF7004

（2）孔深 30 m 以内，桩径 1 m

项　　目		单位	地层			
			砂壤土	黏土	砂砾	砾石
工　　　　　长		工时	41.3	43.0	62.3	87.4
高　级　工		工时	165.3	171.9	249.4	349.9
中　级　工		工时	454.6	472.8	685.8	962.2
初　级　工		工时	165.3	171.9	249.4	349.9
合　　　计		工时	826.5	859.6	1246.9	1749.4
锯　　　材		m³	0.10	0.10	0.10	0.10
钢　护　筒		t	0.09	0.09	0.09	0.09
电　焊　条		kg	1.00	2.00	3.00	5.00
铁　　　件		kg	1.00	1.00	1.00	1.00
黏　　　土		t	88.58	62.50	114.65	114.65
水		m³	220	180	310	310
其他材料费		%	2	2	2	2
回旋钻机	Φ1500 mm 以内	台时	138.43	153.26	252.14	396.34
挖　掘　机	1 m³	台时	2.47	2.47	2.47	2.47
履带式起重机	15 t	台时	8.24	8.24	8.24	8.24
载　重　汽　车	15 t	台时	9.06	9.06	9.06	9.06
电　焊　机	25 kVA	台时	0.82	2.47	3.09	4.12
泥浆搅拌机		台时	31.53	22.25	40.81	40.81
汽车起重机	5 t	台时	1.22	1.22	1.22	1.22
其他机械费		%	3	3	3	3
编　　　号			HF7005	HF7006	HF7007	HF7008

七-2 振冲防渗墙

工作内容：开挖导槽，机具就位，浆液配制，振冲注浆，提升灌浆，管路冲洗，机具移位。

（1）孔深30 m以内，墙厚15 cm

单位：100 m² 阻水面积

项 目	单位	地层			
		黏土	砂壤土	粉细砂	中粗砂
工　　　长	工时	22.3	24.4	28.6	39.2
高 级 工	工时	32.9	36.0	42.4	58.3
中 级 工	工时	65.7	72.1	86.9	116.6
初 级 工	工时	98.6	108.1	129.3	174.9
合　　　计	工时	219.5	240.6	287.2	389.0
水　　　泥	t	8.12	8.12	8.12	8.12
膨 润 土	t	1.46	1.46	1.46	1.46
砂	m³	8.38	8.38	8.38	8.38
外 加 剂	kg	40.56	40.56	40.56	40.56
振 切 管 头	m	1.30	1.43	1.71	2.30
切 管 头	个	0.16	0.18	0.22	0.29
胶 管	m	6.48	7.13	8.55	11.55
板 枋 材	m³	0.12	0.13	0.15	0.21
水	m³	75	75	75	75
其他材料费	%	5	5	5	5
振动切槽机	台时	17.89	19.68	23.62	31.84
灌 浆 泵 中（低）压砂浆	台时	17.89	19.68	23.62	31.84
高速搅拌机	台时	17.89	19.68	23.62	31.84
泥浆搅拌机	台时	17.89	19.68	23.62	31.84
污 水 泵 7.5 kW	台时	17.89	19.68	23.62	31.84
载 重 汽 车 5 t	台时	10.73	11.81	14.17	19.11
其他机械费	%	5	5	5	5
编　　　号		HF7009	HF7010	HF7011	HF7012

注：水泥、膨润土、砂可根据设计配合比调整。

（2）孔深30 m以内，墙厚20 cm

单位：100 m² 阻水面积

项　　目	单位	地层			
		黏土	砂壤土	粉细砂	中粗砂
工　　　长	工时	23.3	25.4	30.7	42.4
高　级　工	工时	35.0	38.2	45.6	61.5
中　级　工	工时	70.0	77.4	92.2	124.0
初　级　工	工时	104.9	115.5	137.8	186.6
合　　　计	工时	233.2	256.5	306.3	414.5
水　　　泥	t	10.82	10.82	10.82	10.82
膨　润　土	t	1.95	1.95	1.95	1.95
砂	m³	11.18	11.18	11.18	11.18
外　加　剂	kg	54.08	54.08	54.08	54.08
振　　　管	m	1.30	1.43	1.71	2.30
切　　　头	个	0.16	0.18	0.22	0.29
胶　　　管	m	6.48	7.13	8.55	11.55
板　枋　材	m³	0.12	0.13	0.15	0.21
水	m³	100	100	100	100
其他材料费	%	5	5	5	5
振动切槽机	台时	19.04	20.94	25.12	33.88
灌浆泵　中（低）压砂浆	台时	19.04	20.94	25.12	33.88
高速搅拌机	台时	19.04	20.94	25.12	33.88
泥浆搅拌机	台时	19.04	20.94	25.12	33.88
污水泵　7.5 kW	台时	19.04	20.94	25.12	33.88
载重汽车　5 t	台时	11.42	12.56	15.07	20.33
其他机械费	%	5	5	5	5
编　　　号		HF7013	HF7014	HF7015	HF7016

注：水泥、膨润土、砂可根据设计配合比调整。

七-3 锥探灌浆

适用范围：堤防工程

工作内容：布孔、机具就位、锥孔，土料过筛、造浆、布管、灌浆、封孔，转移。

单位：100 m

项　目	单位	数量
工　　长	工时	2.4
高　级　工	工时	
中　级　工	工时	16.4
初　级　工	工时	28.1
合　　计	工时	46.9
黏　　土	t	3.82
胶　管　Φ50 mm	m	0.37
水	m³	2.57
其他材料费	%	5
打　锥　机	台时	0.83
灌　浆　泵　中（低）压泥浆	台时	3.12
泥浆搅拌机	台时	3.12
机动翻斗车　1 t	台时	2.29
其他机械费	%	10
编　　号		HF7017

注：本定额不包括堤顶硬化路面钻孔及路面恢复。

七-4 堤防裂缝处理灌浆

适用范围：平均缝宽≤5 cm 的裂缝处理灌浆。

工作内容：布孔、机具就位、锥孔，土料过筛、造浆、布管、灌
浆、封孔，转移。

单位：100 m

项　　目	单位	数量
工　　　长	工时	3.3
高　级　工	工时	
中　级　工	工时	19.9
初　级　工	工时	43.1
合　　　计	工时	66.3
黏　　　土	t	15.02
胶　　管　Φ50 mm	m	0.37
水	m³	6.98
其他材料费	%	5
打　锥　机	台时	6.07
灌浆泵 中（低）压泥浆	台时	5.35
泥浆搅拌机	台时	5.35
机动翻斗车 1 t	台时	4.58
其他机械费	%	5
编　　　号		HF7018

注：本定额不包括堤顶硬化路面钻孔及路面恢复。

第八章

放淤工程

说　明

一、本章包括 22 kW 水力冲挖机组、100 kW 组合泵、136 kW 组合泵、136 kW 冲吸式挖泥船、冲吸式挖泥船开工展布及收工集合等定额，共 5 节。

二、本章定额的计量单位

水力冲挖机组、组合泵、挖泥船，均按陆上淤填方计。

三、水力冲挖机组的土类划分为Ⅰ、Ⅱ、Ⅲ类，详见附录 2。

四、水力冲挖机组

1. 人工：指组织和从事冲挖、排泥管线及其他辅助设施的安拆、移设、检护等辅助工作的用工。

2. 本定额适用于基本排高 5 m，每增（减）1 m，排泥管线长度相应增（减）25 m。

3. 排泥管线长度：指计算铺设长度，如计算排泥管线长度介于定额两子目之间，以插入法计算。

五、组合泵

1. 人工：指从事水力冲挖和修集浆池、巡视检修排泥管线等其他辅助工作的用工。不包括主排泥管线的安装、拆除、淤区围（格）堤填筑等用工。

2. 组合泵中的水力冲挖机组按基本排高 5 m，排泥管线长度 200 m 拟定。

3. 排泥管线长度：指自集浆池至淤区中心的管线计算长度。如所需排泥管线长度介于定额两子目之间，以插入法计算。

4. 组合泵基本排高 6 m，每增（减）1 m，定额乘（除）以 1.02 的系数。

六、挖泥船

1. 船淤工程土质分类：根据冲吸式挖泥船的施工特点，船淤工程土类划分为两类。

Ⅰ类土：砂土（黏粒含量 0~3%），颗粒较粗，无凝聚性和可塑性，空隙大，易透水。

Ⅱ类土：砂壤土（黏粒含量 3%~10%），土质松软，由砂与壤土组成，易成浆。

当黏粒含量大于 10% 时，本定额不适用。

2. 工况确定：本定额结合黄河防洪工程船淤施工生产情况，在开挖区、排放区整个作用范围内，由于水深、流速、漂浮物、障碍物、土中杂物、管道堵塞等因素，影响正常施工生产或增加施工难度的时间，定额中已综合考虑，一般不作调整。

3. 人工：指从事辅助工作的用工，如排泥管线的巡视、检修、维护和作业面的转移及管道移设等工作的用工，不包括岸管的安装、拆除及围堰修筑等用工。

4. 排高：是指从河道水面起算，到地面最高处的总高度。本定额适用于基本排高 10 m，排高每增（减）1 m，定额乘（除）以 1.02 的调整系数，当排距小于或等于 1 km 时，排高减少按下式对定额进行调整：

若 $\dfrac{L}{\Delta h} \geqslant 1$，则

$$A = A_0 \times 1.02^{\Delta h}$$

若 $\dfrac{L}{\Delta h} < 1$，则

$$A = A_0 \div 1.02^{L}$$

式中：L 为排距（单位取整百米）；A 为调整后的定额；A_0 为基本定额；Δh 为排高减少值（单位以米计）。

5. 排泥管：包括水上浮筒管（含浮筒一组，钢管及胶套管

各一根，简称浮筒管）及陆上排泥管（简称岸管），分别按管径、组（根）时划分，详见定额表。

6. 排泥管线长度：指自挖沙区中心至淤区中心的浮筒管、岸管各管线水平投影长度之和。其中浮筒管长度结合黄河实际情况综合考虑，按 100 m 计入定额（已考虑受水流影响，与挖泥船、岸管连接而弯曲的长度），一般不作调整。岸管长度根据地形、地物影响据实计算。排泥管线长度中的浮筒组时、岸管根时的数量已计入分项定额内，如所需排泥管线长度介于两定额子目之间，以插入法计算。

七、本章定额不含机械排水费用。

八、排泥管安装拆除定额采用水利部颁发的《水利建筑工程概算定额》（2002）"绞吸式挖泥船和吹泥船排泥管安装拆除"有关定额子目。

九、挖泥船每次进出场计一次"开工展布及收工集合"。

八－1 22 kW 水力冲挖机组

工作内容：开工展布、水力冲挖、吸排泥、作业面转移及收工集合等。

(1) I 类土

单位：10000 m³

项　　目		单位	排泥管线长度（m）					
			≤50	100	150	200	250	300
工　　长		工时						
高 级 工		工时						
中 级 工		工时	8.9	9.8	11.2	12.4	14.1	16.4
初 级 工		工时	79.7	87.9	101.0	111.0	126.6	147.1
合　　计		工时	88.6	97.7	112.2	123.4	140.7	163.5
零星材料费		%	2	2	2	2	2	2
高压水泵	22 kW	台时	177.22	195.19	224.49	246.74	281.16	327.01
水　　枪	Φ65 mm 2 支	组时	177.22	195.19	224.49	246.74	281.16	327.01
泥 浆 泵	22 kW	台时	177.22	195.19	224.49	246.74	281.16	327.01
排 泥 管	Φ150 mm	百米时	88.61	195.19	336.74	493.47	702.90	981.04
编　　　　号			HF8001	HF8002	HF8003	HF8004	HF8005	HF8006

(2) II类土

单位：10000 m³

项 目	单位	排泥管线长度（m）						
		≤50	100	150	200	250	300
工 长 工	工时						
高 级 工	工时						
中 级 工	工时	11.3	12.5	14.4	15.8	18.0	20.9
初 级 工	工时	102.1	112.5	129.4	142.1	161.9	188.4
合 计	工时	113.4	125.0	143.8	157.9	179.9	209.3
零星材料费	%	2	2	2	2	2	2
高 压 水 泵 22 kW	台时	226.85	249.84	287.35	315.82	359.88	418.58
水 枪 Φ65 mm 2 支	组时	226.85	249.84	287.35	315.82	359.88	418.58
泥 浆 泵 22 kW	台时	226.85	249.84	287.35	315.82	359.88	418.58
排 泥 管 Φ150 mm	百米时	113.42	249.84	431.02	631.64	899.71	1255.75
编 号		HF8007	HF8008	HF8009	HF8010	HF8011	HF8012

（3） Ⅲ类土

单位：10000 m³

项 目	单位	\\multicolumn

项 目	单位	排泥管线长度（m）					
		≤50	100	150	200	250	300
工　　长	工时						
高 级 工	工时						
中 级 工	工时	15.7	17.3	19.9	21.8	24.9	28.9
初 级 工	工时	141.2	155.4	178.8	196.5	223.9	260.5
合　　计	工时	156.9	172.7	198.7	218.3	248.8	289.4
零星材料费	%	2	2	2	2	2	2
高压水泵 22 kW	台时	313.69	345.48	397.34	436.72	497.65	578.82
水　枪 Φ65 mm 2 支	组时	313.69	345.48	397.34	436.72	497.65	578.82
泥浆泵 22 kW	台时	313.69	345.48	397.34	436.72	497.65	578.82
排泥管 Φ150 mm	百米时	156.85	345.48	596.02	873.44	1244.14	1736.46
编　　号		HF8013	HF8014	HF8015	HF8016	HF8017	HF8018

八-2 100 kW 组合泵

工作内容：1. 水力冲挖机组开工展布、水力冲挖、吸排泥、作业面转移及收工集合。
2. 修集浆池、加压泥浆泵排泥、淤区内作业面移位等作业及其他各种辅助作业。

(1) Ⅰ类土

单位：10000 m³

项 目		单位	排泥管线长度 (m)				
			≤600	700	800	900	1000
工 长		工时					
高 级 工		工时	7.2	7.2	7.2	7.2	7.2
中 级 工		工时	31.9	32.3	32.8	33.2	33.6
初 级 工		工时	240.7	240.7	240.7	240.7	240.7
合 计		工时	279.8	280.2	280.7	281.1	281.5
零星材料费		%	3	3	3	3	3
高压水泵	22 kW	台时	259.08	259.08	259.08	259.08	259.08
水 浆 枪	Φ65 mm	台时	558.85	560.94	563.03	565.10	567.14
泥 浆 泵	22 kW	台时	259.08	259.08	259.08	259.08	259.08
排 浆 管	Φ150 mm	百米时	518.14	518.14	518.14	518.14	518.14
泥 浆 泵	100 kW	台时	54.27	57.06	59.84	62.60	65.33
高压水泵	7.5 kW	台时	40.71	42.80	44.89	46.96	49.00
排 泥 管	Φ300 mm×4000 mm	根时	8140.61	9681.19	11221.77	12762.35	14302.93
编 号			HF8019	HF8020	HF8021	HF8022	HF8023

单位：10000 m³

(2) Ⅱ类土

项　目	单位	排泥管线长度（m）				
		≤600	700	800	900	1000
工　　长	工时	7.2	7.2	7.2	7.2	7.2
高级工	工时					
中级工	工时	35.5	35.9	36.4	36.8	37.2
初级工	工时	273.4	273.4	273.4	273.4	273.4
合　　计	工时	316.1	316.5	317.0	317.4	317.8
零星材料费	%	3	3	3	3	3
高压水泵 22 kW	台时	331.61	331.61	331.61	331.61	331.61
水枪 Φ65 mm	台时	703.92	706.01	708.10	710.17	712.21
泥浆泵 22 kW	台时	331.61	331.61	331.61	331.61	331.61
排泥管 Φ150 mm	百米时	663.22	663.22	663.22	663.22	663.22
泥浆泵 100 kW	台时	54.27	57.06	59.84	62.60	65.33
高压水泵 7.5 kW	台时	40.71	42.80	44.89	46.96	49.00
排泥管 Φ300 mm×4000 mm	根时	8140.61	9681.19	11221.77	12762.35	14302.93
编　　号		HF8024	HF8025	HF8026	HF8027	HF8028

（3）Ⅲ类土

单位：10000 m³

项　　　目	单位	排泥管线长度（m）				
		≤600	700	800	900	1000
工　长　工	工时	7.2	7.2	7.2	7.2	7.2
高　级　工	工时					
中　级　工	工时	41.9	42.3	42.7	43.2	43.6
初　级　工	工时	330.4	330.4	330.4	330.4	330.4
合　　　计	工时	379.5	379.9	380.3	380.8	381.2
零星材料费	%	3	3	3	3	3
高压水泵 22 kW	台时	458.56	458.56	458.56	458.56	458.56
水　枪　Φ65 mm	台时	957.82	959.91	962.00	964.07	966.11
泥　浆　泵 22 kW	台时	458.56	458.56	458.56	458.56	458.56
排　泥　管 Φ150 mm	百米时	917.11	917.11	917.11	917.11	917.11
泥　浆　泵 100 kW	台时	54.27	57.06	59.84	62.60	65.33
高压水泵 7.5 kW	台时	40.71	42.80	44.89	46.96	49.00
排　泥　管 Φ300 mm×4000 mm	根时	8140.61	9681.19	11221.77	12762.35	14302.93
编　　　号		HF8029	HF8030	HF8031	HF8032	HF8033

八－3 136 kW 组合泵

工作内容：1. 水力冲挖机组开工展布、水力冲挖、吸排泥、作业面转移及收工集合。
2. 修集浆池、加压泥浆泵排泥、淤区内作业面移位等作业及其他各种辅助作业。

（1）Ⅰ类土

单位：10000 m³

项目		单位	排泥管线长度（m）				
			≤600	700	800	900	1000
工 长		工时	6.2	6.2	6.2	6.2	6.2
高 级 工		工时					
中 级 工		工时	30.1	30.4	30.7	31.0	31.3
初 级 工		工时	229.0	229.0	229.0	229.0	229.0
合 计 工		工时	265.3	265.6	265.9	266.2	266.5
零星材料费		%	3	3	3	3	3
高压水泵	22 kW	台时	259.08	259.08	259.08	259.08	259.08
水 枪	Φ65 mm	台时	551.86	553.30	554.72	556.13	557.53
泥 浆 泵	22 kW	台时	259.08	259.08	259.08	259.08	259.08
排 泥 管	Φ150 mm	百米时	518.14	518.14	518.14	518.14	518.14
泥 浆 泵	136 kW	台时	44.96	46.88	48.76	50.65	52.51
高压水泵	7.5 kW	台时	33.72	35.15	36.58	37.99	39.39
排 泥 管	Φ300 mm×4000 mm	根时	6743.93	8024.61	9305.29	10585.97	11866.65
编 号			HF8034	HF8035	HF8036	HF8037	HF8038

项　目	单位	排泥管线长度（m）				
		1100	1200	1300	1400	1500
工　长　工	工时	6.2	6.2	6.2	6.2	6.2
高　级　工	工时					
中　级　工	工时	31.6	31.9	32.2	32.5	32.9
初　级　工	工时	229.0	229.0	229.0	229.0	229.0
合　　　计	工时	266.8	267.1	267.4	267.7	268.1
零星材料费	%	3	3	3	3	3
高压水泵　22 kW	台时	259.08	259.08	259.08	259.08	259.08
水　枪　Φ65 mm	台时	558.91	560.27	561.61	562.01	563.28
泥　浆　泵　22 kW	台时	259.08	259.08	259.08	259.08	259.08
排　泥　管　Φ150 mm	百米时	518.14	518.14	518.14	518.14	518.14
泥　浆　泵　136 kW	台时	54.35	56.17	57.95	58.48	60.18
高压水泵　7.5 kW	台时	40.77	42.13	43.47	43.87	45.13
排　泥　管　Φ300 mm×4000 mm	根时	13147.33	14428.01	15708.69	16989.38	18270.06
编　　　号		HF8039	HF8040	HF8041	HF8042	HF8043

项 目	单位	排泥管线长度（m）				
		1600	1700	1800	1900	2000
工长工	工时	6.2	6.2	6.2	6.2	6.2
高级工	工时					
中级工	工时	33.2	33.5	33.8	34.1	34.4
初级工	工时	229.0	229.0	229.0	229.0	229.0
合 计	工时	268.4	268.7	269.0	269.3	269.6
零星材料费	%	3	3	3	3	3
高压水泵 22 kW	台时	259.08	259.08	259.08	259.08	259.08
水枪 Φ65 mm	台时	564.52	565.73	566.89	568.00	569.09
泥浆泵 22 kW	台时	259.08	259.08	259.08	259.08	259.08
排泥管 Φ150 mm	百米时	518.14	518.14	518.14	518.14	518.14
泥浆泵 136 kW	台时	61.84	63.45	64.99	66.49	67.92
高压水泵 7.5 kW	台时	46.38	47.59	48.75	49.86	50.94
排泥管 Φ300 mm×4000 mm	根时	19550.74	20831.42	22112.10	23392.78	24673.46
编 号		HF8044	HF8045	HF8046	HF8047	HF8048

续表

项目	单位	排泥管线长度（m）				
		2100	2200	2300	2400	2500
工长工	工时	6.2	6.2	6.2	6.2	6.2
高级工	工时					
中级工	工时	34.7	35.0	35.3	35.6	35.9
初级工	工时	229.0	229.0	229.0	229.0	229.0
合计	工时	269.9	270.2	270.5	270.8	271.1
零星材料费	%	3	3	3	3	3
高压水泵 22 kW	台时	259.08	259.08	259.08	259.08	259.08
水枪 Φ65 mm	台时	570.11	572.14	573.41	574.68	575.95
泥浆泵 22 kW	台时	259.08	259.08	259.08	259.08	259.08
排泥管 Φ150 mm	百米时	518.14	518.14	518.14	518.14	518.14
泥浆泵 136 kW	台时	69.29	72.01	73.70	75.39	77.07
高压水泵 7.5 kW	台时	51.96	54.00	55.27	56.54	57.80
排泥管 Φ300 mm×4000 mm	根时	25954.15	27234.83	28515.51	29796.19	31076.87
编号		HF8049	HF8050	HF8051	HF8052	HF8053

项　目	单位	排泥管线长度（m）				
		2600	2700	2800	2900	3000
工　长　工	工时	6.2	6.2	6.2	6.2	6.2
高　级　工	工时					
中　级　工	工时	36.3	36.6	36.9	37.2	37.5
初　级　工	工时	229.0	229.0	229.0	229.0	229.0
合　　　计	工时	271.5	271.8	272.1	272.4	272.7
零星材料费	%	3	3	3	3	3
高压水泵　22 kW	台时	259.08	259.08	259.08	259.08	259.08
水　枪　Φ65 mm	台时	577.21	578.48	579.75	581.01	582.28
泥　浆　泵　22 kW	台时	259.08	259.08	259.08	259.08	259.08
排　泥　管　Φ150 mm	百米时	518.14	518.14	518.14	518.14	518.14
泥　浆　泵　136 kW	台时	78.76	80.45	82.14	83.83	85.52
高压水泵　7.5 kW	台时	59.07	60.34	61.60	62.87	64.14
排　泥　管　Φ300 mm×4000 mm	根时	32357.55	33638.23	34918.92	36199.60	37480.28
编　　　号		HF8054	HF8055	HF8056	HF8057	HF8058

项　　目	单位	排泥管线长度（m）				
		3100	3200	3300	3400	3500
工　长　工	工时	6.2	6.2	6.2	6.2	6.2
高　级　工	工时					
中　级　工	工时	37.8	38.1	38.4	38.7	39.0
初　级　工	工时	229.0	229.0	229.0	229.0	229.0
合　　计	工时	273.0	273.3	273.6	273.9	274.2
零星材料费	%	3	3	3	3	3
高压水泵 22 kW	台时	259.08	259.08	259.08	259.08	259.08
水枪 Φ65 mm	台时	583.78	585.19	586.66	588.03	589.45
泥浆泵 22 kW	台时	259.08	259.08	259.08	259.08	259.08
排泥管 Φ150 mm	百米时	518.14	518.14	518.14	518.14	518.14
泥浆泵 136 kW	台时	87.52	89.40	91.35	93.18	95.07
高压水泵 7.5 kW	台时	65.64	67.05	68.52	69.89	71.31
排泥管 Φ300 mm×4000 mm	根时	38760.96	40041.64	41322.32	42603.00	43883.69
编　　号		HF8059	HF8060	HF8061	HF8062	HF8063

项 目	单位	排泥管线长度（m）				
		3600	3700	3800	3900	4000
工 长 工	工时	6.2	6.2	6.2	6.2	6.2
高 级 工	工时	39.3	39.7	40.0	40.3	40.6
中 级 工	工时	229.0	229.0	229.0	229.0	229.0
初 级 工	工时					
合 计	工时	274.5	274.9	275.2	275.5	275.8
零星材料费	%	3	3	3	3	3
高压水泵 22 kW	台时	259.08	259.08	259.08	259.08	259.08
水 枪 Φ65 mm	台时	590.78	592.16	593.46	594.78	596.03
泥 浆 泵 22 kW	台时	259.08	259.08	259.08	259.08	259.08
排 泥 管 Φ150 mm	百米时	518.14	518.14	518.14	518.14	518.14
泥 浆 泵 136 kW	台时	96.85	98.68	100.41	102.19	103.85
高压水泵 7.5 kW	台时	72.64	74.02	75.31	76.64	77.89
排 泥 管 Φ300 mm×4000 mm	根时	45164.37	46445.05	47725.73	49006.41	50287.09
编 号		HF8064	HF8065	HF8066	HF8067	HF8068

项 目	单位	排泥管线长度（m）					
		4100	4200	4300	4400	4500	
工 长 工	工时	6.2	6.2	6.2	6.2	6.2	
高 级 工	工时						
中 级 工	工时	40.9	41.2	41.5	41.8	42.1	
初 级 工	工时	229.0	229.0	229.0	229.0	229.0	
合 计	工时	276.1	276.4	276.7	277.0	277.3	
零星材料费	%	3	3	3	3	3	
高 压 水 泵 22 kW	台时	259.08	259.08	259.08	259.08	259.08	
水 枪 Φ65 mm	台时	597.32	598.52	599.75	600.91	602.09	
泥 浆 泵 22 kW	台时	259.08	259.08	259.08	259.08	259.08	
排 泥 管 Φ150 mm	百米时	518.14	518.14	518.14	518.14	518.14	
泥 浆 泵 136 kW	台时	105.56	107.17	108.81	110.35	111.92	
高 压 水 泵 7.5 kW	台时	79.18	80.38	81.61	82.77	83.95	
排 泥 管 Φ300 mm×4000 mm	根时	51567.77	52848.46	54129.14	55409.82	56690.50	
编 号		HF8069	HF8070	HF8071	HF8072	HF8073	

项 目	单位	排泥管线长度（m）					
		4600	4700	4800	4900	5000
工 长 工	工时	6.2	6.2	6.2	6.2	6.2
高 级 工	工时					
中 级 工	工时	42.4	42.7	43.1	43.4	43.7
初 级 工	工时	229.0	229.0	229.0	229.0	229.0
合 计	工时	277.6	277.9	278.3	278.6	278.9
零星材料费	%	3	3	3	3	3
高 压 水 泵 22 kW	台时	259.08	259.08	259.08	259.08	259.08
水 枪 Φ65 mm	台时	603.20	604.31	605.38	606.45	607.49
泥 浆 泵 22 kW	台时	259.08	259.08	259.08	259.08	259.08
排 泥 管 Φ150 mm	百米时	518.14	518.14	518.14	518.14	518.14
泥 浆 泵 136 kW	台时	113.40	114.90	116.32	117.75	119.13
高 压 水 泵 7.5 kW	台时	85.06	86.17	87.24	88.31	89.35
排 泥 管 Φ300 mm×4000 mm	根时	57971.18	59251.86	60532.54	61813.23	63093.91
编 号		HF8074	HF8075	HF8076	HF8077	HF8078

项　　目	单位	排泥管线长度（m）				
		5100	5200	5300	5400	5500
工　长　工	工时	6.2	6.2	6.2	6.2	6.2
高　级　工	工时					
中　级　工	工时	44.0	44.3	44.6	44.9	45.2
初　级　工	工时	229.0	229.0	229.0	229.0	229.0
合　　　计	工时	279.2	279.5	279.8	280.1	280.4
零星材料费	%	3	3	3	3	3
高压水泵 22 kW	台时	259.08	259.08	259.08	259.08	259.08
水枪 Φ65 mm	台时	608.79	610.10	611.28	612.71	613.96
泥浆泵 22 kW	台时	259.08	259.08	259.08	259.08	259.08
排泥管 Φ150 mm	百米时	518.14	518.14	518.14	518.14	518.14
泥浆泵 136 kW	台时	120.87	122.61	124.19	126.08	127.76
高压水泵 7.5 kW	台时	90.65	91.96	93.14	94.56	95.82
排泥管 Φ300 mm×4000 mm	根时	64374.59	65655.27	66935.95	68216.63	69497.31
编　　号		HF8079	HF8080	HF8081	HF8082	HF8083

项　　目	单位	排泥管线长度（m）				
		5600	5700	5800	5900	6000
工　长　工	工时	6.2	6.2	6.2	6.2	6.2
高　级　工	工时					
中　级　工	工时	45.5	45.8	46.1	46.5	46.8
初　级　工	工时	229.0	229.0	229.0	229.0	229.0
合　　计	工时	280.7	281.0	281.3	281.7	282.0
零星材料费	%	3	3	3	3	3
高压水泵 22 kW	台时	259.08	259.08	259.08	259.08	259.08
水　枪 Φ65 mm	台时	615.31	616.74	618.12	619.44	620.82
泥浆泵 22 kW	台时	259.08	259.08	259.08	259.08	259.08
排泥管 Φ150 mm	百米时	518.14	518.14	518.14	518.14	518.14
泥浆泵 136 kW	台时	129.56	131.47	133.31	135.06	136.91
高压水泵 7.5 kW	台时	97.17	98.60	99.98	101.30	102.68
排泥管 Φ300 mm×4000 mm	根时	70778.00	72058.68	73339.36	74620.04	75900.72
编　　号		HF8084	HF8085	HF8086	HF8087	HF8088

项　目	单位	排泥管管线长度（m）					
		6100	6200	6300	6400	6500	
工　长　工	工时	6.2	6.2	6.2	6.2	6.2	
高　级　工	工时						
中　级　工	工时	47.1	47.4	47.7	48.0	48.3	
初　级　工	工时	229.0	229.0	229.0	229.0	229.0	
合　　计	工时	282.3	282.6	282.9	283.2	283.5	
零星材料费	%	3	3	3	3	3	
高压水泵　22 kW	台时	259.08	259.08	259.08	259.08	259.08	
水　枪　Φ65 mm	台时	622.16	623.44	624.78	626.06	627.30	
泥　浆　泵　22 kW	台时	259.08	259.08	259.08	259.08	259.08	
排　泥　管　Φ150 mm	百米时	518.14	518.14	518.14	518.14	518.14	
泥　浆　泵　136 kW	台时	138.69	140.40	142.18	143.89	145.54	
高压水泵　7.5 kW	台时	104.02	105.30	106.64	107.92	109.16	
排　泥　管　Φ300 mm×4000 mm	根时	77181.40	78462.08	79742.76	81023.45	82304.13	
编　　号		HF8089	HF8090	HF8091	HF8092	HF8093	

项　目	单位	排泥管线长度（m）				
		6600	6700	6800	6900	7000
工　长	工时	6.2	6.2	6.2	6.2	6.2
高 级 工	工时					
中 级 工	工时	48.6	48.9	49.2	49.5	49.9
初 级 工	工时	229.0	229.0	229.0	229.0	229.0
合　计	工时	283.8	284.1	284.4	284.7	285.1
零星材料费	%	3	3	3	3	3
高压水泵 22 kW	台时	259.08	259.08	259.08	259.08	259.08
水枪 Φ65 mm	台时	628.58	629.80	631.01	632.23	633.41
泥浆泵 22 kW	台时	259.08	259.08	259.08	259.08	259.08
排泥管 Φ150 mm	百米时	518.14	518.14	518.14	518.14	518.14
泥浆泵 136 kW	台时	147.25	148.89	150.48	152.12	153.69
高压水泵 7.5 kW	台时	110.44	111.66	112.87	114.09	115.27
排泥管 Φ300 mm×4000 mm	根时	83584.81	84865.49	86146.17	87426.85	88707.53
编　号		HF8094	HF8095	HF8096	HF8097	HF8098

项　目	单位	排泥管线长度（m）				
		7100	7200	7300	7400	7500
工　长	工时	6.2	6.2	6.2	6.2	6.2
高级工	工时					
中级工	工时	50.2	50.5	50.8	51.1	51.4
初级工	工时	229.0	229.0	229.0	229.0	229.0
合　计	工时	285.4	285.7	286.0	286.3	286.6
零星材料费	%	3	3	3	3	3
高压水泵 22 kW	台时	259.08	259.08	259.08	259.08	259.08
水　枪 Φ65 mm	台时	634.56	635.74	636.87	637.99	639.12
泥浆泵 22 kW	台时	259.08	259.08	259.08	259.08	259.08
排泥管 Φ150 mm	百米时	518.14	518.14	518.14	518.14	518.14
泥浆泵 136 kW	台时	155.23	156.80	158.30	159.79	161.30
高压水泵 7.5 kW	台时	116.42	117.60	118.73	119.85	120.97
排泥管 Φ300 mm×4000 mm	根时	89988.22	91268.90	92549.58	93830.26	95110.94
编　号		HF8099	HF8100	HF8101	HF8102	HF8103

项 目	单位	排泥管线长度（m）					
		7600	7700	7800	7900	8000	
工 长 工	工时	6.2	6.2	6.2	6.2	6.2	
高 级 工	工时	51.7	52.0	52.3	52.6	52.9	
中 级 工	工时	229.0	229.0	229.0	229.0	229.0	
初 级 工	工时						
合 计	工时	286.9	287.2	287.5	287.8	288.1	
零星材料费	%	3	3	3	3	3	
高压水泵 22 kW	合时	259.08	259.08	259.08	259.08	259.08	
水 枪 Φ65 mm	合时	640.41	641.70	643.05	644.46	645.83	
泥 浆 泵 22 kW	合时	259.08	259.08	259.08	259.08	259.08	
排 泥 管 Φ150 mm	百米时	518.14	518.14	518.14	518.14	518.14	
泥 浆 泵 136 kW	合时	163.03	164.75	166.54	168.43	170.25	
高压水泵 7.5 kW	合时	122.27	123.56	124.91	126.32	127.69	
排 泥 管 Φ300 mm×4000 mm	根时	96391.62	97672.30	98952.99	100233.67	101514.35	
编 号		HF8104	HF8105	HF8106	HF8107	HF8108	

项 目	单位	排泥管线长度（m）				
		8100	8200	8300	8400	8500
工 长 工	工时	6.2	6.2	6.2	6.2	6.2
高 级 工	工时					
中 级 工	工时	53.3	53.6	53.9	54.2	54.5
初 级 工	工时	229.0	229.0	229.0	229.0	229.0
合 计	工时	288.5	288.8	289.1	289.4	289.7
零星材料费	%	3	3	3	3	3
高压水泵 22 kW	台时	259.08	259.08	259.08	259.08	259.08
水枪 Φ65 mm	台时	647.17	648.48	649.85	651.16	652.42
泥浆泵 22 kW	台时	259.08	259.08	259.08	259.08	259.08
排泥管 Φ150 mm	百米时	518.14	518.14	518.14	518.14	518.14
泥浆泵 136 kW	台时	172.03	173.78	175.60	177.36	179.04
高压水泵 7.5 kW	台时	129.03	130.34	131.71	133.01	134.28
排泥管 Φ300 mm×4000 mm	根时	102795.03	104075.71	105356.39	106637.07	107917.76
编 号		HF8109	HF8110	HF8111	HF8112	HF8113

续表

项 目	单位	排泥管线长度 (m)				
		8600	8700	8800	8900	9000
工 长 工	工时	6.2	6.2	6.2	6.2	6.2
高 级 工	工时					
中 级 工	工时	54.8	55.1	55.4	55.7	56.0
初 级 工	工时	229.0	229.0	229.0	229.0	229.0
合 计	工时	290.0	290.3	290.6	290.9	291.2
零星材料费	%	3	3	3	3	3
高压水泵 22 kW	台时	259.08	259.08	259.08	259.08	259.08
水 枪 Φ65 mm	台时	653.72	655.03	656.29	657.53	658.76
泥 浆 泵 22 kW	台时	259.08	259.08	259.08	259.08	259.08
排 泥 管 Φ150 mm	百米时	518.14	518.14	518.14	518.14	518.14
泥 浆 泵 136 kW	台时	180.77	182.52	184.19	185.85	187.49
高 压 水 泵 7.5 kW	台时	135.58	136.89	138.14	139.39	140.62
排 泥 管 Φ300 mm×4000 mm	根时	109198.44	110479.12	111759.80	113040.48	114321.16
编 号		HF8114	HF8115	HF8116	HF8117	HF8118

续表

项　目	单位	排泥管线长度（m）				
		9100	9200	9300	9400	9500
工　　长　　工	工时	6.2	6.2	6.2	6.2	6.2
高　级　工	工时	56.3	56.7	57.0	57.3	57.6
中　级　工	工时	229.0	229.0	229.0	229.0	229.0
初　级　工	工时	229.0	229.0	229.0	229.0	229.0
合　　　计	工时	291.5	291.9	292.2	292.5	292.8
零星材料费	%	3	3	3	3	3
高压水泵　22 kW	台时	259.08	259.08	259.08	259.08	259.08
水枪　Φ65 mm	台时	660.02	661.23	662.42	663.61	664.81
泥浆泵　22 kW	台时	259.08	259.08	259.08	259.08	259.08
排泥管　Φ150 mm	百米时	518.14	518.14	518.14	518.14	518.14
泥浆泵　136 kW	台时	189.17	190.78	192.37	193.96	195.57
高压水泵　7.5 kW	台时	141.88	143.09	144.28	145.47	146.67
排泥管　Φ300 mm×4000 mm	根时	115601.84	116882.53	118163.21	119443.89	120724.57
编　　号		HF8119	HF8120	HF8121	HF8122	HF8123

项　　目	单位	排泥管线长度（m）				
		9600	9700	9800	9900	10000
工　　长	工时	6.2	6.2	6.2	6.2	6.2
高　级　工	工时					
中　级　工	工时	57.9	58.2	58.5	58.8	59.1
初　级　工	工时	229.0	229.0	229.0	229.0	229.0
合　　计	工时	293.1	293.4	293.7	294.0	294.3
零星材料费	%	3	3	3	3	3
高压水泵 22 kW	台时	259.08	259.08	259.08	259.08	259.08
水枪 Φ65 mm	台时	665.98	667.13	668.27	669.44	670.69
泥浆泵 22 kW	台时	259.08	259.08	259.08	259.08	259.08
排泥管 Φ150 mm	百米时	518.14	518.14	518.14	518.14	518.14
泥浆泵 136 kW	台时	197.11	198.65	200.18	201.73	203.40
高压水泵 7.5 kW	台时	147.84	148.99	150.13	151.30	152.55
排泥管 Φ300 mm×4000 mm	根时	122005.25	123285.93	124566.61	125847.30	127127.75
编　　号		HF8124	HF8125	HF8126	HF8127	HF8128

续表

项 目		单位	排泥管管线长度 (m)				
			10100	10200	10300	10400	10500
工 长		工时	6.2	6.2	6.2	6.2	6.2
高 级 工		工时					
中 级 工		工时	59.4	59.7	60.0	60.4	60.7
初 级 工		工时	229.0	229.0	229.0	229.0	229.0
合 计		工时	294.6	294.9	295.2	295.6	295.9
零星材料费		%	3	3	3	3	3
高 压 水 泵	22 kW	台时	259.08	259.08	259.08	259.08	259.08
水 枪	Φ65 mm	台时	671.95	673.21	674.46	675.72	676.98
泥 浆 泵	22 kW	台时	259.08	259.08	259.08	259.08	259.08
排 泥 管	Φ150 mm	百米时	518.14	518.14	518.14	518.14	518.14
泥 浆 泵	136 kW	台时	205.08	206.76	208.44	210.12	211.80
高 压 水 泵	7.5 kW	台时	153.81	155.07	156.32	157.58	158.84
排 泥 管	Φ300 mm×4000 mm	根时	128408.20	129688.66	130969.11	132249.57	133530.02
编 号			HF8129	HF8130	HF8131	HF8132	HF8133

项 目	单位	排泥管线长度 (m)				
		10600	10700	10800	10900	11000
工 长	工时	6.2	6.2	6.2	6.2	6.2
高 级 工	工时	61.0	61.3	61.6	61.9	62.2
中 级 工	工时	229.0	229.0	229.0	229.0	229.0
初 级 工	工时					
合 计	工时	296.2	296.5	296.8	297.1	297.4
零星材料费	%	3	3	3	3	3
高压水泵 22 kW	台时	259.08	259.08	259.08	259.08	259.08
水 枪 Φ65 mm	台时	678.23	679.49	680.75	682.00	683.26
泥 浆 泵 22 kW	台时	259.08	259.08	259.08	259.08	259.08
排 泥 管 Φ150 mm	百米时	518.14	518.14	518.14	518.14	518.14
泥 浆 泵 136 kW	台时	213.48	215.16	216.84	218.51	220.19
高压水泵 7.5 kW	台时	160.09	161.35	162.61	163.86	165.12
排 泥 管 Φ300 mm×4000 mm	根时	134810.48	136090.93	137371.39	138651.84	139932.30
编 号		HF8134	HF8135	HF8136	HF8137	HF8138

续表

项　目	单位	排泥管线长度（m）					
		11100	11200	11300	11400	11500	
工　　　长　　　工	工时	6.2	6.2	6.2	6.2	6.2	
高　级　工	工时	62.5	62.8	63.1	63.4	63.8	
中　级　工	工时	229.0	229.0	229.0	229.0	229.0	
初　级　工	工时	297.7	298.0	298.3	298.6	299.0	
合　　　计	工时	3	3	3	3	3	
零星材料费	%	259.08	259.08	259.08	259.08	259.08	
高压水泵　22 kW	台时	684.52	685.77	687.03	688.29	689.54	
水　枪　Φ65 mm	台时	259.08	259.08	259.08	259.08	259.08	
泥浆泵　22 kW	台时	518.14	518.14	518.14	518.14	518.14	
排泥管　Φ150 mm	百米时	221.87	223.55	225.23	226.91	228.59	
泥浆泵　136 kW	台时	166.38	167.63	168.89	170.15	171.40	
高压水泵　7.5 kW	台时	141212.75	142493.21	143773.66	145054.12	146334.57	
排泥管　Φ300 mm×4000 mm	根时	HF8139	HF8140	HF8141	HF8142	HF8143	
编　　号							

· 123 ·

项　目	单位	排泥管线长度（m）				
		11600	11700	11800	11900	12000
工　　长	工时	6.2	6.2	6.2	6.2	6.2
高 级 工	工时					
中 级 工	工时	64.1	64.4	64.7	65.0	65.3
初 级 工	工时	229.0	229.0	229.0	229.0	229.0
合　　计	工时	299.3	299.6	299.9	300.2	300.5
零星材料费	%	3	3	3	3	3
高压水泵 22 kW	台时	259.08	259.08	259.08	259.08	259.08
水枪 Φ65 mm	台时	690.80	692.06	693.31	694.57	695.83
泥浆泵 22 kW	台时	259.08	259.08	259.08	259.08	259.08
排泥管 Φ150 mm	百米时	518.14	518.14	518.14	518.14	518.14
泥浆泵 136 kW	台时	230.27	231.95	233.62	235.30	236.98
高压水泵 7.5 kW	台时	172.66	173.92	175.17	176.43	177.69
排泥管 Φ300 mm×4000 mm	根时	147615.03	148895.48	150175.94	151456.39	152736.85
编　号		HF8144	HF8145	HF8146	HF8147	HF8148

（2） Ⅱ类土

单位：10000 m³

项　目	单位	排泥管线长度（m）				
		≤600	700	800	900	1000
工　　长	工时	6.2	6.2	6.2	6.2	6.2
高 级 工	工时					
中 级 工	工时	33.7	34.0	34.3	34.6	34.9
初 级 工	工时	261.6	261.6	261.6	261.6	261.6
合　　计	工时	301.5	301.8	302.1	302.4	302.7
零星材料费	%	3	3	3	3	3
高压水泵 22 kW	台时	331.61	331.61	331.61	331.61	331.61
水　枪 Φ65 mm	台时	696.94	698.37	699.79	701.20	702.60
泥 浆 泵 22 kW	台时	331.61	331.61	331.61	331.61	331.61
排 泥 管 Φ150 mm	百米时	663.22	663.22	663.22	663.22	663.22
泥 浆 泵 136 kW	台时	44.96	46.88	48.76	50.65	52.51
高压水泵 7.5 kW	台时	33.72	35.15	36.58	37.99	39.39
排 泥 管 Φ300 mm×4000 mm	根时	6743.93	8024.61	9305.29	10585.97	11866.65
编　　号		HF8149	HF8150	HF8151	HF8152	HF8153

· 125 ·

项 目	单位	排泥管线长度（m）				
		1100	1200	1300	1400	1500
工 长	工时	6.2	6.2	6.2	6.2	6.2
高 级 工	工时					
中 级 工	工时	35.2	35.5	35.8	36.2	36.5
初 级 工	工时	261.6	261.6	261.6	261.6	261.6
合 计	工时	303.0	303.3	303.6	304.0	304.3
零星材料费	%	3	3	3	3	3
高 压 水 泵 22 kW	台时	331.61	331.61	331.61	331.61	331.61
水 枪 Φ65 mm	台时	703.98	705.34	706.68	707.08	708.35
泥 浆 泵 22 kW	台时	331.61	331.61	331.61	331.61	331.61
排 泥 管 Φ150 mm	百米时	663.22	663.22	663.22	663.22	663.22
泥 浆 泵 136 kW	台时	54.35	56.17	57.95	58.48	60.18
高 压 水 泵 7.5 kW	台时	40.77	42.13	43.47	43.87	45.13
排 泥 管 Φ300 mm×4000 mm	根时	13147.33	14428.01	15708.69	16989.38	18270.06
编 号		HF8154	HF8155	HF8156	HF8157	HF8158

项　　目	单位	排泥管线长度（m）				
		1600	1700	1800	1900	2000
工　　长	工时	6.2	6.2	6.2	6.2	6.2
高　级　工	工时					
中　级　工	工时	36.8	37.1	37.4	37.7	38.0
初　级　工	工时	261.6	261.6	261.6	261.6	261.6
合　　计	工时	304.6	304.9	305.2	305.5	305.8
零星材料费	%	3	3	3	3	3
高压水泵 22 kW	台时	331.61	331.61	331.61	331.61	331.61
水枪 Φ65 mm	台时	709.60	710.80	711.97	713.08	714.16
泥浆泵 22 kW	台时	331.61	331.61	331.61	331.61	331.61
排泥管 Φ150 mm	百米时	663.22	663.22	663.22	663.22	663.22
泥浆泵 136 kW	台时	61.84	63.45	64.99	66.49	67.92
高压水泵 7.5 kW	台时	46.38	47.59	48.75	49.86	50.94
排泥管 Φ300 mm×4000 mm	根时	19550.74	20831.42	22112.10	23392.78	24673.46
编　号		HF8159	HF8160	HF8161	HF8162	HF8163

项 目	单位	排泥管线长度（m）				
		2100	2200	2300	2400	2500
工 长	工时	6.2	6.2	6.2	6.2	6.2
高 级 工	工时					
中 级 工	工时	38.3	38.6	38.9	39.2	39.6
初 级 工	工时	261.6	261.6	261.6	261.6	261.6
合 计	工时	306.1	306.4	306.7	307.0	307.4
零星材料费	%	3	3	3	3	3
高 压 水 泵 22 kW	台时	331.61	331.61	331.61	331.61	331.61
水 枪 Φ65 mm	台时	715.18	717.22	718.49	719.75	721.02
泥 浆 泵 22 kW	台时	331.61	331.61	331.61	331.61	331.61
排 泥 管 Φ150 mm	百米时	663.22	663.22	663.22	663.22	663.22
泥 浆 泵 136 kW	台时	69.29	72.01	73.70	75.39	77.07
高 压 水 泵 7.5 kW	台时	51.96	54.00	55.27	56.54	57.80
排 泥 管 Φ300 mm×4000 mm	根时	25954.15	27234.83	28515.51	29796.19	31076.87
编 号		HF8164	HF8165	HF8166	HF8167	HF8168

项 目	单位	排泥管线长度（m）				
		2600	2700	2800	2900	3000
工 长	工时	6.2	6.2	6.2	6.2	6.2
高 级 工	工时	39.9	40.2	40.5	40.8	41.1
中 级 工	工时	261.6	261.6	261.6	261.6	261.6
初 级 工	工时					
合 计	工时	307.7	308.0	308.3	308.6	308.9
零星材料费	%	3	3	3	3	3
高压水泵 22 kW	台时	331.61	331.61	331.61	331.61	331.61
水 枪 Φ65 mm	台时	722.29	723.55	724.82	726.09	727.36
泥 浆 泵 22 kW	台时	331.61	331.61	331.61	331.61	331.61
排 泥 管 Φ150 mm	百米时	663.22	663.22	663.22	663.22	663.22
泥 浆 泵 136 kW	台时	78.76	80.45	82.14	83.83	85.52
高压水泵 7.5 kW	台时	59.07	60.34	61.60	62.87	64.14
排 泥 管 Φ300 mm×4000 mm	根时	32357.55	33638.23	34918.92	36199.60	37480.28
编 号		HF8169	HF8170	HF8171	HF8172	HF8173

续表

项　目	单位	排泥管线长度（m）				
		3100	3200	3300	3400	3500
工　　　长	工时	6.2	6.2	6.2	6.2	6.2
高　级　工	工时					
中　级　工	工时	41.4	41.7	42.0	42.3	42.6
初　级　工	工时	261.6	261.6	261.6	261.6	261.6
合　　　计	工时	309.2	309.5	309.8	310.1	310.4
零星材料费	%	3	3	3	3	3
高压水泵　22 kW	台时	331.61	331.61	331.61	331.61	331.61
水　枪　Φ65 mm	台时	728.86	730.27	731.73	733.10	734.52
泥浆泵　22 kW	台时	331.61	331.61	331.61	331.61	331.61
排泥管　Φ150 mm	百米时	663.22	663.22	663.22	663.22	663.22
泥浆泵　136 kW	台时	87.52	89.40	91.35	93.18	95.07
高压水泵　7.5 kW	台时	65.64	67.05	68.52	69.89	71.31
排泥管　Φ300 mm×4000 mm	根时	38760.96	40041.64	41322.32	42603.00	43883.69
编　　　号		HF8174	HF8175	HF8176	HF8177	HF8178

项目		单位	排泥管线长度（m）				
			3600	3700	3800	3900	4000
工 长 工		工时	6.2	6.2	6.2	6.2	6.2
高 级 工		工时					
中 级 工		工时	43.0	43.3	43.6	43.9	44.2
初 级 工		工时	261.6	261.6	261.6	261.6	261.6
合 计		工时	310.8	311.1	311.4	311.7	312.0
零星材料费		%	3	3	3	3	3
高压水泵	22 kW	台时	331.61	331.61	331.61	331.61	331.61
水 枪	Φ65 mm	台时	735.85	737.23	738.53	739.86	741.11
泥 浆 泵	22 kW	台时	331.61	331.61	331.61	331.61	331.61
排 泥 管	Φ150 mm	百米时	663.22	663.22	663.22	663.22	663.22
泥 浆 泵	136 kW	台时	96.85	98.68	100.41	102.19	103.85
高压水泵	7.5 kW	台时	72.64	74.02	75.31	76.64	77.89
排 泥 管	Φ300 mm×4000 mm	根时	45164.37	46445.05	47725.73	49006.41	50287.09
编 号			HF8179	HF8180	HF8181	HF8182	HF8183

项　目	单位	排泥管线长度（m）				
		4100	4200	4300	4400	4500
工　长　工	工时	6.2	6.2	6.2	6.2	6.2
高　级　工	工时					
中　级　工	工时	44.5	44.8	45.1	45.4	45.7
初　级　工	工时	261.6	261.6	261.6	261.6	261.6
合　　　计	工时	312.3	312.6	312.9	313.2	313.5
零星材料费	%	3	3	3	3	3
高压水泵 22 kW	台时	331.61	331.61	331.61	331.61	331.61
水　枪 Φ65 mm	台时	742.39	743.60	744.82	745.99	747.16
泥浆泵 22 kW	台时	331.61	331.61	331.61	331.61	331.61
排泥管 Φ150 mm	百米时	663.22	663.22	663.22	663.22	663.22
泥浆泵 136 kW	台时	105.56	107.17	108.81	110.35	111.92
高压水泵 7.5 kW	台时	79.18	80.38	81.61	82.77	83.95
排泥管 Φ300 mm×4000 mm	根时	51567.77	52848.46	54129.14	55409.82	56690.50
编　　号		HF8184	HF8185	HF8186	HF8187	HF8188

项　　目	单位	排泥管线长度（m）				
		4600	4700	4800	4900	5000
工长 工	工时	6.2	6.2	6.2	6.2	6.2
高级工 工	工时					
中级工 工	工时	46.0	46.4	46.7	47.0	47.3
初级工 工	工时	261.6	261.6	261.6	261.6	261.6
合 计	工时	313.8	314.2	314.5	314.8	315.1
零星材料费	%	3	3	3	3	3
高压水泵 22 kW	台时	331.61	331.61	331.61	331.61	331.61
水枪 Φ65 mm	台时	748.27	749.39	750.46	751.53	752.57
泥浆泵 22 kW	台时	331.61	331.61	331.61	331.61	331.61
排泥管 Φ150 mm	百米时	663.22	663.22	663.22	663.22	663.22
泥浆泵 136 kW	台时	113.40	114.90	116.32	117.75	119.13
高压水泵 7.5 kW	台时	85.06	86.17	87.24	88.31	89.35
排泥管 Φ300 mm×4000 mm	根时	57971.18	59251.86	60532.54	61813.23	63093.91
编　　号		HF8189	HF8190	HF8191	HF8192	HF8193

项 目	单位	排泥管线长度（m）				
		5100	5200	5300	5400	5500
工长工	工时	6.2	6.2	6.2	6.2	6.2
高级工	工时					
中级工	工时	47.6	47.9	48.2	48.5	48.8
初级工	工时	261.6	261.6	261.6	261.6	261.6
合计	工时	315.4	315.7	316.0	316.3	316.6
零星材料费	%	3	3	3	3	3
高压水泵 22 kW	台时	331.61	331.61	331.61	331.61	331.61
水枪 Φ65 mm	台时	753.87	755.18	756.36	757.78	759.04
泥浆泵 22 kW	台时	331.61	331.61	331.61	331.61	331.61
排泥管 Φ150 mm	百米时	663.22	663.22	663.22	663.22	663.22
泥浆泵 136 kW	台时	120.87	122.61	124.19	126.08	127.76
高压水泵 7.5 kW	台时	90.65	91.96	93.14	94.56	95.82
排泥管 Φ300 mm×4000 mm	根时	64374.59	65655.27	66935.95	68216.63	69497.31
编　号		HF8194	HF8195	HF8196	HF8197	HF8198

项　　目	单位	排泥管线长度（m）				
		5600	5700	5800	5900	6000
工　　长	工时	6.2	6.2	6.2	6.2	6.2
高级工	工时					
中级工	工时	49.1	49.4	49.7	50.1	50.4
初级工	工时	261.6	261.6	261.6	261.6	261.6
合　　计	工时	316.9	317.2	317.5	317.9	318.2
零星材料费	%	3	3	3	3	3
高压水泵　22 kW	台时	331.61	331.61	331.61	331.61	331.61
水　枪　Φ65 mm	台时	760.39	761.82	763.20	764.52	765.90
泥浆泵　22 kW	台时	331.61	331.61	331.61	331.61	331.61
排泥管　Φ150 mm	百米时	663.22	663.22	663.22	663.22	663.22
泥浆泵　136 kW	台时	129.56	131.47	133.31	135.06	136.91
高压水泵　7.5 kW	台时	97.17	98.60	99.98	101.30	102.68
排泥管　Φ300 mm×4000 mm	根时	70778.00	72058.68	73339.36	74620.04	75900.72
编　　号		HF8199	HF8200	HF8201	HF8202	HF8203

项　目	单位	排泥管线长度（m）				
		6100	6200	6300	6400	6500
工　　长	工时	6.2	6.2	6.2	6.2	6.2
高 级 工	工时					
中 级 工	工时	50.7	51.0	51.3	51.6	51.9
初 级 工	工时	261.6	261.6	261.6	261.6	261.6
合　　计	工时	318.5	318.8	319.1	319.4	319.7
零星材料费	%	3	3	3	3	3
高压水泵 22 kW	台时	331.61	331.61	331.61	331.61	331.61
水枪 Φ65 mm	台时	767.24	768.51	769.85	771.14	772.38
泥浆泵 22 kW	台时	331.61	331.61	331.61	331.61	331.61
排泥管 Φ150 mm	百米时	663.22	663.22	663.22	663.22	663.22
泥浆泵 136 kW	台时	138.69	140.40	142.18	143.89	145.54
高压水泵 7.5 kW	台时	104.02	105.30	106.64	107.92	109.16
排泥管 Φ300 mm×4000 mm	根时	77181.40	78462.08	79742.76	81023.45	82304.13
编　　号		HF8204	HF8205	HF8206	HF8207	HF8208

续表

项　　目	单位	排泥管线长度（m）				
		6600	6700	6800	6900	7000
工长	工时	6.2	6.2	6.2	6.2	6.2
高级工	工时					
中级工	工时	52.2	52.5	52.8	53.1	53.5
初级工	工时	261.6	261.6	261.6	261.6	261.6
合计	工时	320.0	320.3	320.6	320.9	321.3
零星材料费	%	3	3	3	3	3
高压水泵 22 kW	台时	331.61	331.61	331.61	331.61	331.61
水枪 Φ65 mm	台时	773.65	774.88	776.08	777.31	778.48
泥浆泵 22 kW	台时	331.61	331.61	331.61	331.61	331.61
排泥管 Φ150 mm	百米时	663.22	663.22	663.22	663.22	663.22
泥浆泵 136 kW	台时	147.25	148.89	150.48	152.12	153.69
高压水泵 7.5 kW	台时	110.44	111.66	112.87	114.09	115.27
排泥管 Φ300 mm×4000 mm	根时	83584.81	84865.49	86146.17	87426.85	88707.53
编　号		HF8209	HF8210	HF8211	HF8212	HF8213

项 目	单位	排泥管线长度（m）				
		7100	7200	7300	7400	7500
工 长 工	工时	6.2	6.2	6.2	6.2	6.2
高 级 工	工时					
中 级 工	工时	53.8	54.1	54.4	54.7	55.0
初 级 工	工时	261.6	261.6	261.6	261.6	261.6
合 计	工时	321.6	321.9	322.2	322.5	322.8
零星材料费	%	3	3	3	3	3
高压水泵 22 kW	台时	331.61	331.61	331.61	331.61	331.61
水 枪 Φ65 mm	台时	779.64	780.81	781.95	783.07	784.19
泥 浆 泵 22 kW	台时	331.61	331.61	331.61	331.61	331.61
排 泥 管 Φ150 mm	百米时	663.22	663.22	663.22	663.22	663.22
泥 浆 泵 136 kW	台时	155.23	156.80	158.30	159.79	161.30
高压水泵 7.5 kW	台时	116.42	117.60	118.73	119.85	120.97
排 泥 管 Φ300 mm×4000 mm	根时	89988.22	91268.90	92549.58	93830.26	95110.94
编 号		HF8214	HF8215	HF8216	HF8217	HF8218

项 目	单位	排泥管线长度（m）					
		7600	7700	7800	7900	8000	
工 长	工时	6.2	6.2	6.2	6.2	6.2	
高 级 工	工时						
中 级 工	工时	55.3	55.6	55.9	56.2	56.5	
初 级 工	工时	261.6	261.6	261.6	261.6	261.6	
合 计	工时	323.1	323.4	323.7	324.0	324.3	
零星材料费	%	3	3	3	3	3	
高压水泵 22 kW	台时	331.61	331.61	331.61	331.61	331.61	
水 枪 Φ65 mm	台时	785.49	786.78	788.13	789.54	790.91	
泥 浆 泵 22 kW	台时	331.61	331.61	331.61	331.61	331.61	
排 泥 管 Φ150 mm	百米时	663.22	663.22	663.22	663.22	663.22	
泥 浆 泵 136 kW	台时	163.03	164.75	166.54	168.43	170.25	
高压水泵 7.5 kW	台时	122.27	123.56	124.91	126.32	127.69	
排 泥 管 Φ300 mm×4000 mm	根时	96391.62	97672.30	98952.99	100233.67	101514.35	
编 号		HF8219	HF8220	HF8221	HF8222	HF8223	

项 目	单位	排泥管线长度（m）				
		8100	8200	8300	8400	8500
工 长 工	工时	6.2	6.2	6.2	6.2	6.2
高 级 工	工时	56.9	57.2	57.5	57.8	58.1
中 级 工	工时	261.6	261.6	261.6	261.6	261.6
初 级 工	工时	324.7	325.0	325.3	325.6	325.9
合 计	工时					
零星材料费	%	3	3	3	3	3
高压水泵 22 kW	台时	331.61	331.61	331.61	331.61	331.61
水 枪 Φ65 mm	台时	792.25	793.55	794.92	796.23	797.50
泥 浆 泵 22 kW	台时	331.61	331.61	331.61	331.61	331.61
排 泥 管 Φ150 mm	百米时	663.22	663.22	663.22	663.22	663.22
泥 浆 泵 136 kW	台时	172.03	173.78	175.60	177.36	179.04
高 压 水 泵 7.5 kW	台时	129.03	130.34	131.71	133.01	134.28
排 泥 管 Φ300 mm×4000 mm	根时	102795.03	104075.71	105356.39	106637.07	107917.76
编 号		HF8224	HF8225	HF8226	HF8227	HF8228

项目	单位	排泥管线长度（m）				
		8600	8700	8800	8900	9000
工长工	工时	6.2	6.2	6.2	6.2	6.2
高级工	工时	58.4	58.7	59.0	59.3	59.6
中级工	工时					
初级工	工时	261.6	261.6	261.6	261.6	261.6
合计	工时	326.2	326.5	326.8	327.1	327.4
零星材料费	%	3	3	3	3	3
高压水泵 22 kW	台时	331.61	331.61	331.61	331.61	331.61
水枪 Φ65 mm	台时	798.80	800.10	801.36	802.61	803.83
泥浆泵 22 kW	台时	331.61	331.61	331.61	331.61	331.61
排泥管 Φ150 mm	百米时	663.22	663.22	663.22	663.22	663.22
泥浆泵 136 kW	台时	180.77	182.52	184.19	185.85	187.49
高压水泵 7.5 kW	台时	135.58	136.89	138.14	139.39	140.62
排泥管 Φ300 mm × 4000 mm	根时	109198.44	110479.12	111759.80	113040.48	114321.16
编号		HF8229	HF8230	HF8231	HF8232	HF8233

项　目		单位	排泥管线长度（m）				
			9100	9200	9300	9400	9500
工　长		工时	6.2	6.2	6.2	6.2	6.2
高级工		工时					
中级工		工时	59.9	60.3	60.6	60.9	61.2
初级工		工时	261.6	261.6	261.6	261.6	261.6
合　计		工时	327.7	328.1	328.4	328.7	329.0
零星材料费		%	3	3	3	3	3
高压水泵	22 kW	台时	331.61	331.61	331.61	331.61	331.61
水　枪	Φ65 mm	台时	805.10	806.30	807.50	808.68	809.89
泥浆泵	22 kW	台时	331.61	331.61	331.61	331.61	331.61
排泥管	Φ150 mm	百米时	663.22	663.22	663.22	663.22	663.22
泥浆泵	136 kW	台时	189.17	190.78	192.37	193.96	195.57
高压水泵	7.5 kW	台时	141.88	143.09	144.28	145.47	146.67
排泥管	Φ300 mm×4000 mm	根时	115601.84	116882.53	118163.21	119443.89	120724.57
编　号			HF8234	HF8235	HF8236	HF8237	HF8238

项 目	单位	排泥管线长度（m）					
		9600	9700	9800	9900	10000
工 长 工	工时	6.2	6.2	6.2	6.2	6.2
高 级 工	工时					
中 级 工	工时	61.5	61.8	62.1	62.4	62.7
初 级 工	工时	261.6	261.6	261.6	261.6	261.6
合 计	工时	329.3	329.6	329.9	330.2	330.5
零星材料费	%	3	3	3	3	3
高压水泵 22 kW	台时	331.61	331.61	331.61	331.61	331.61
水 枪 Φ65 mm	台时	811.05	812.21	813.35	814.51	815.77
泥 浆 泵 22 kW	台时	331.61	331.61	331.61	331.61	331.61
排 泥 管 Φ150 mm	百米时	663.22	663.22	663.22	663.22	663.22
泥 浆 泵 136 kW	台时	197.11	198.65	200.18	201.73	203.40
高压水泵 7.5 kW	台时	147.84	148.99	150.13	151.30	152.55
排 泥 管 Φ300 mm×4000 mm	根时	122005.25	123285.93	124566.61	125847.30	127127.75
编 号		HF8239	HF8240	HF8241	HF8242	HF8243

项　目	单位	排泥管线长度（m）				
		10100	10200	10300	10400	10500
工　长	工时	6.2	6.2	6.2	6.2	6.2
高级工	工时					
中级工	工时	63.0	63.3	63.7	64.0	64.3
初级工	工时	261.6	261.6	261.6	261.6	261.6
合　计	工时	330.8	331.1	331.5	331.8	332.1
零星材料费	%	3	3	3	3	3
高压水泵　22 kW	台时	331.61	331.61	331.61	331.61	331.61
水　枪　Φ65 mm	台时	817.03	818.28	819.54	820.80	822.05
泥浆泵　22 kW	台时	331.61	331.61	331.61	331.61	331.61
排泥管　Φ150 mm	百米时	663.22	663.22	663.22	663.22	663.22
泥　浆　136 kW	台时	205.08	206.76	208.44	210.12	211.80
高压水泵　7.5 kW	台时	153.81	155.07	156.32	157.58	158.84
排泥管　Φ300 mm×4000 mm	根时	128408.20	129688.66	130969.11	132249.57	133530.02
编　　号		HF8244	HF8245	HF8246	HF8247	HF8248

项　　目	单位	排泥管线长度（m）				
		10600	10700	10800	10900	11000
工　　长　　工	工时	6.2	6.2	6.2	6.2	6.2
高　级　工	工时					
中　级　工	工时	64.6	64.9	65.2	65.5	65.8
初　级　工	工时	261.6	261.6	261.6	261.6	261.6
合　　计	工时	332.4	332.7	333.0	333.3	333.6
零星材料费	%	3	3	3	3	3
高压水泵 22 kW	台时	331.61	331.61	331.61	331.61	331.61
水　枪　Φ65 mm	台时	823.31	824.57	825.82	827.08	828.34
泥　浆　泵　22 kW	台时	331.61	331.61	331.61	331.61	331.61
排　泥　管　Φ150 mm	百米时	663.22	663.22	663.22	663.22	663.22
泥　浆　泵　136 kW	台时	213.48	215.16	216.84	218.51	220.19
高压水泵 7.5 kW	台时	160.09	161.35	162.61	163.86	165.12
排　泥　管　Φ300 mm×4000 mm	根时	134810.48	136090.93	137371.39	138651.84	139932.30
编　　　　号		HF8249	HF8250	HF8251	HF8252	HF8253

项 目	单位	排泥管线长度（m）				
		11100	11200	11300	11400	11500
工长工	工时	6.2	6.2	6.2	6.2	6.2
高级工	工时					
中级工	工时	66.1	66.4	66.7	67.1	67.4
初级工	工时	261.6	261.6	261.6	261.6	261.6
合 计	工时	333.9	334.2	334.5	334.9	335.2
零星材料费	%	3	3	3	3	3
高压水泵 22 kW	台时	331.61	331.61	331.61	331.61	331.61
水枪 Φ65 mm	台时	829.59	830.85	832.11	833.36	834.62
泥浆泵 22 kW	台时	331.61	331.61	331.61	331.61	331.61
排泥管 Φ150 mm	百米时	663.22	663.22	663.22	663.22	663.22
泥浆泵 136 kW	台时	221.87	223.55	225.23	226.91	228.59
高压水泵 7.5 kW	台时	166.38	167.63	168.89	170.15	171.40
排泥管 Φ300 mm×4000 mm	根时	141212.75	142493.21	143773.66	145054.12	146334.57
编 号		HF8254	HF8255	HF8256	HF8257	HF8258

项 目	单位	排泥管线长度（m）				
		11600	11700	11800	11900	12000
工 长 工	工时	6.2	6.2	6.2	6.2	6.2
高 级 工	工时					
中 级 工	工时	67.7	68.0	68.3	68.6	68.9
初 级 工	工时	261.6	261.6	261.6	261.6	261.6
合 计 工	工时	335.5	335.8	336.1	336.4	336.7
零星材料费	%	3	3	3	3	3
高压水泵 22 kW	台时	331.61	331.61	331.61	331.61	331.61
水 枪 Φ65 mm	台时	835.88	837.13	838.39	839.65	840.90
泥 浆 泵 22 kW	台时	331.61	331.61	331.61	331.61	331.61
排 浆 管 Φ150 mm	百米时	663.22	663.22	663.22	663.22	663.22
泥 浆 泵 136 kW	台时	230.27	231.95	233.62	235.30	236.98
高压水泵 7.5 kW	台时	172.66	173.92	175.17	176.43	177.69
排 泥 管 Φ300 mm×4000 mm	根时	147615.03	148895.48	150175.94	151456.39	152736.85
编 号		HF8259	HF8260	HF8261	HF8262	HF8263

（3）Ⅲ类土

单位：10000 m³

项目	单位	排泥管线长度（m）				
		≤600	1000	1500	2000	2500
工长工	工时	6.2	6.2	6.2	6.2	6.2
高级工	工时					
中级工	工时	40.1	41.3	42.8	44.4	45.9
初级工	工时	318.7	318.7	318.7	318.7	318.7
合计	工时	365.0	366.2	367.7	369.3	370.8
零星材料费	%	3	3	3	3	3
高压水泵 22 kW	台时	458.56	458.56	458.56	458.56	458.56
水枪 Φ65 mm	台时	950.83	956.50	962.25	968.06	974.92
泥浆泵 22 kW	台时	458.56	458.56	458.56	458.56	458.56
排泥管 Φ150 mm	百米时	917.11	917.11	917.11	917.11	917.11
泥浆泵 136 kW	台时	44.96	52.51	60.18	67.92	77.07
高压水泵 7.5 kW	台时	33.72	39.39	45.13	50.94	57.80
排泥管 Φ300 mm×4000 mm	根时	6743.93	11866.65	18270.06	24673.46	31076.87
编号		HF8264	HF8265	HF8266	HF8267	HF8268

项 目	单位	排泥管线长度（m）				
		3000	3500	4000	4500	5000
工 长 工	工时	6.2	6.2	6.2	6.2	6.2
高 级 工	工时					
中 级 工	工时	47.5	49.0	50.6	52.1	53.7
初 级 工	工时	318.7	318.7	318.7	318.7	318.7
合 计	工时	372.4	373.9	375.5	377.0	378.6
零星材料费	%	3	3	3	3	3
高压水泵 22 kW	台时	458.56	458.56	458.56	458.56	458.56
水 枪 Φ65 mm	台时	981.25	988.42	995.00	1001.06	1006.46
泥 浆 泵 22 kW	台时	458.56	458.56	458.56	458.56	458.56
排 泥 管 Φ150 mm	百米时	917.11	917.11	917.11	917.11	917.11
泥 浆 泵 136 kW	台时	85.52	95.07	103.85	111.92	119.13
高压水泵 7.5 kW	台时	64.14	71.31	77.89	83.95	89.35
排 泥 管 Φ300 mm×4000 mm	根时	37480.28	43883.69	50287.09	56690.50	63093.91
编 号		HF8269	HF8270	HF8271	HF8272	HF8273

项目	单位	排泥管线长度（m）				
		5500	6000	6500	7000	7500
工长工	工时	6.2	6.2	6.2	6.2	6.2
高级工	工时					
中级工	工时	55.2	56.8	58.3	59.8	61.4
初级工	工时	318.7	318.7	318.7	318.7	318.7
合计	工时	380.1	381.7	383.2	384.7	386.3
零星材料费	%	3	3	3	3	3
高压水泵 22 kW	台时	458.56	458.56	458.56	458.56	458.56
水枪 Φ65 mm	台时	1012.93	1019.79	1026.27	1032.38	1038.09
泥浆泵 22 kW	台时	458.56	458.56	458.56	458.56	458.56
排泥管 Φ150 mm	百米时	917.11	917.11	917.11	917.11	917.11
泥浆泵 136 kW	台时	127.76	136.91	145.54	153.69	161.30
高压水泵 7.5 kW	台时	95.82	102.68	109.16	115.27	120.97
排泥管 Φ300 mm×4000 mm	根时	69497.31	75900.72	82304.13	88707.53	95110.94
编号		HF8274	HF8275	HF8276	HF8277	HF8278

项　　目	单位	排泥管线长度（m）				
		8000	8500	9000	9500	10000
工　　长	工时	6.2	6.2	6.2	6.2	6.2
高 级 工	工时					
中 级 工	工时	62.9	64.5	66.0	67.6	69.1
初 级 工	工时	318.7	318.7	318.7	318.7	318.7
合　　计	工时	387.8	389.4	390.9	392.5	394.0
零星材料费	%	3	3	3	3	3
高压水泵　22 kW	台时	458.56	458.56	458.56	458.56	458.56
水　枪　Φ65 mm	台时	1044.80	1051.39	1057.73	1063.78	1069.67
泥浆泵　22 kW	台时	458.56	458.56	458.56	458.56	458.56
排泥管　Φ150 mm	百米时	917.11	917.11	917.11	917.11	917.11
泥浆泵　136 kW	台时	170.25	179.04	187.49	195.57	203.40
高压水泵　7.5 kW	台时	127.69	134.28	140.62	146.67	152.55
排泥管　Φ300 mm×4000 mm	根时	101514.35	107917.76	114321.16	120724.57	127127.75
编　　号		HF8279	HF8280	HF8281	HF8282	HF8283

续表

项　目	单位	排泥管线长度（m）			
		10500	11000	11500	12000
工　长	工时	6.2	6.2	6.2	6.2
高级工	工时				
中级工	工时	70.7	72.2	73.7	75.3
初级工	工时	318.7	318.7	318.7	318.7
合　计	工时	395.6	397.1	398.6	400.2
零星材料费	%	3	3	3	3
高压水泵 22 kW	台时	458.56	458.56	458.56	458.56
水　枪 Φ65 mm	台时	1075.95	1082.23	1088.51	1094.80
泥浆泵 22 kW	台时	458.56	458.56	458.56	458.56
排泥管 Φ150 mm	百米时	917.11	917.11	917.11	917.11
泥浆泵 136 kW	台时	211.80	220.19	228.59	236.98
高压水泵 7.5 kW	台时	158.84	165.12	171.40	177.69
排泥管 Φ300 mm×4000 mm	根时	133530.02	139932.30	146334.57	152736.85
编　号		HF8284	HF8285	HF8286	HF8287

八－4　136 kW 冲吸式挖泥船

工作内容：挖泥、排泥以及作业面的转移和管道的移设。

(1) I 类土

单位：10000 m³

项　目	单位	排泥管线长度（m）							
		≤400	500	600	700	800	900	1000
工　长　工	工时	8.2	8.2	8.2	8.2	8.2	8.2	8.2
高　级　工	工时							
中　级　工	工时	28.6	29.1	29.7	30.2	30.7	31.2	31.7
初　级　工	工时	251.8	252.4	252.9	253.4	253.9	254.4	254.9
合　计	工时	288.6	289.7	290.8	291.8	292.8	293.8	294.8
零星材料费	%	3	3	3	3	3	3	3
冲吸式挖泥船 136 kW	艘时	70.72	75.22	79.74	84.03	87.94	91.16	93.98
浮　筒 Φ300 mm×5000 mm	组时	1414.40	1504.42	1594.85	1680.55	1758.83	1823.10	1879.54
排泥管 Φ300 mm×4000 mm	根时	5303.99	7522.09	9967.83	12604.11	15389.75	18231.00	21144.87
泥　浆　泵 136 kW	台时							
编　　　号		HF8288	HF8289	HF8290	HF8291	HF8292	HF8293	HF8294

项 目	单位	排泥管线长度（m）				
		1100	1200	1300	1400	1500
工 长 工	工时	8.2	8.2	8.2	8.2	8.2
高 级 工	工时					
中 级 工	工时	32.2	32.8	33.3	33.8	34.3
初 级 工	工时	255.4	256.0	256.5	257.0	257.5
合 计	工时	295.8	297.0	298.0	299.0	300.0
零星材料费	%	3	3	3	3	3
冲吸式挖泥船 136 kW	艘时	96.76	99.41	101.24	103.01	104.46
浮筒 Φ300 mm×5000 mm	组时	1935.16	1988.11	2024.77	2060.21	2089.25
排泥管 Φ300 mm×4000 mm	根时	24189.55	27336.46	30371.61	33478.35	36561.91
泥浆泵 136 kW	台时					
编 号		HF8295	HF8296	HF8297	HF8298	HF8299

项 目	单位	排泥管线长度（m）						
		1600	1700	1800	1900	2000		
工 长 工	工时	8.2	8.2	8.2	8.2	8.2		
高 级 工	工时							
中 级 工	工时	34.8	35.3	35.8	36.4	36.9		
初 级 工	工时	258.0	258.5	259.0	259.6	260.1		
合 计	工时	301.0	302.0	303.0	304.2	305.2		
零星材料费	%	3	3	3	3	3		
冲吸式挖泥船 136 kW	艘时	105.78	106.94	107.91	108.62	80.28		
浮 筒 Φ300 mm×5000 mm	组时	2115.62	2138.90	2158.26	2172.48	1605.56		
排 泥 管 Φ300 mm×4000 mm	根时	39667.88	42777.96	45863.07	48880.71	38132.15		
泥 浆 泵 136 kW	台时					80.28		
编 号		HF8300	HF8301	HF8302	HF8303	HF8304		

项　　目	单位	排泥管线长度（m）						
		2100	2200	2300	2400	2500		
工　　长　　工	工时	8.2	8.2	8.2	8.2	8.2		
高　级　工	工时							
中　级　工	工时	37.4	37.9	38.4	38.9	39.4		
初　级　工	工时	260.6	261.1	261.6	262.1	262.7		
合　　计	工时	306.2	307.2	308.2	309.2	310.3		
零星材料费	%	3	3	3	3	3		
冲吸式挖泥船　136 kW	艘时	80.82	81.52	82.13	82.82	83.42		
浮　筒　Φ300 mm×5000 mm	组时	1616.48	1630.49	1642.64	1656.45	1668.39		
排　泥　管　Φ300 mm×4000 mm	根时	40412.05	42800.36	45172.71	47622.82	50051.82		
泥　浆　泵　136 kW	台时	80.82	81.52	82.13	82.82	83.42		
编　　　　号		HF8305	HF8306	HF8307	HF8308	HF8309		

续表

项　目	单位	排泥管线长度（m）					
		2600	2700	2800	2900	3000	
工　　　　长	工时	8.2	8.2	8.2	8.2	8.2	
高　级　工	工时						
中　级　工	工时	40.0	40.5	41.0	41.5	42.0	
初　级　工	工时	263.2	263.7	264.2	264.7	265.2	
合　　　　计	工时	311.4	312.4	313.4	314.4	315.4	
零星材料费	%	3	3	3	3	3	
冲吸式挖泥船 136 kW	艘时	84.10	84.67	85.25	85.78	86.40	
浮　筒　Φ300 mm×5000 mm	组时	1681.99	1693.32	1705.06	1715.57	1727.93	
排　泥　管　Φ300 mm×4000 mm	根时	52562.19	55032.90	57545.84	60044.88	62637.39	
泥　浆　泵　136 kW	台时	84.10	84.67	85.25	85.78	86.40	
编　　　号		HF8310	HF8311	HF8312	HF8313	HF8314	

项　目	单位	排泥管线长度（m）				
		3100	3200	3300	3400	3500
工　长	工时	8.2	8.2	8.2	8.2	8.2
高 级 工	工时					
中 级 工	工时	42.5	43.1	43.6	44.1	44.6
初 级 工	工时	265.7	266.3	266.8	267.3	267.8
合　计	工时	316.4	317.6	318.6	319.6	320.6
零星材料费	%	3	3	3	3	3
冲吸式挖泥船 136 kW	艘时	86.88	87.39	87.97	88.43	88.80
浮　筒 Φ300 mm×5000 mm	组时	1737.61	1747.70	1759.45	1768.51	1775.93
排 泥 管 Φ300 mm×4000 mm	根时	65160.38	67723.53	70377.84	72951.04	75476.86
泥 浆 泵 136 kW	台时	86.88	87.39	87.97	88.43	88.80
编　　号		HF8315	HF8316	HF8317	HF8318	HF8319

项　　目	单位	排泥管线长度（m）				
		3600	3700	3800	3900	4000
工　长　工	工时	8.2	8.2	8.2	8.2	8.2
高　级　工	工时					
中　级　工	工时	45.1	45.6	46.1	46.7	47.2
初　级　工	工时	268.3	268.8	269.3	269.9	270.4
合　　计	工时	321.6	322.6	323.6	324.8	325.8
零星材料费	%	3	3	3	3	3
冲吸式挖泥船 136 kW	艘时	89.43	89.92	90.31	90.73	91.07
浮筒 Φ300 mm×5000 mm	组时	1788.70	1798.38	1806.21	1814.65	1821.45
排泥管 Φ300 mm×4000 mm	根时	78255.54	80927.10	83537.12	86196.07	88795.79
泥浆泵 136 kW	台时	89.43	89.92	90.31	90.73	91.07
编　　号		HF8320	HF8321	HF8322	HF8323	HF8324

项 目	单位	排泥管线长度（m）					
		4100	4200	4300	4400	4500
工 长 工	工时	8.2	8.2	8.2	8.2	8.2
高 级 工	工时					
中 级 工	工时	47.7	48.2	48.7	49.2	49.7
初 级 工	工时	270.9	271.4	271.9	272.4	273.0
合 计	工时	326.8	327.8	328.8	329.8	330.9
零星材料费	%	3	3	3	3	3
冲吸式挖泥船 136 kW	艘时	91.41	91.86	92.20	92.56	92.83
浮 筒 Φ300 mm×5000 mm	组时	1828.25	1837.11	1843.91	1851.12	1856.68
排 泥 管 Φ300 mm×4000 mm	根时	91412.50	94151.79	96805.07	99497.49	102117.29
泥 浆 泵 136 kW	台时	91.41	91.86	92.20	92.56	92.83
编 号		HF8325	HF8326	HF8327	HF8328	HF8329

项　目	单位	排泥管线长度（m）					
		4600	4700	4800	4900	5000	
工　　长　　工	工时	8.2	8.2	8.2	8.2	8.2	
高　级　工	工时						
中　级　工	工时	50.3	50.8	51.3	51.8	52.3	
初　级　工	工时	273.5	274.0	274.5	275.0	275.5	
合　　　计	工时	332.0	333.0	334.0	335.0	336.0	
零星材料费	%	3	3	3	3	3	
冲吸式挖泥船 136 kW	艘时	93.29	93.57	93.86	94.12	81.17	
浮　筒 Φ300 mm×5000 mm	组时	1865.74	1871.30	1877.28	1882.43	1623.49	
排泥管 Φ300 mm×4000 mm	根时	104947.99	107599.98	110290.08	112945.68	99438.52	
泥　浆　泵 136 kW	台时	93.29	93.57	93.86	94.12	162.34	
编　　号		HF8330	HF8331	HF8332	HF8333	HF8334	

项　目	单位	排泥管线长度（m）				
		5100	5200	5300	5400	5500
工　长　工	工时	8.2	8.2	8.2	8.2	8.2
高　级　工	工时					
中　级　工	工时	52.8	53.4	53.9	54.4	54.9
初　级　工	工时	276.0	276.6	277.1	277.6	278.1
合　　　计	工时	337.0	338.2	339.2	340.2	341.2
零星材料费	%	3	3	3	3	3
冲吸式挖泥船 136 kW	艘时	81.68	81.96	82.33	82.70	83.08
浮筒　Φ300 mm×5000 mm	组时	1633.58	1639.14	1646.56	1653.97	1661.60
排泥管　Φ300 mm×4000 mm	根时	102098.75	104495.30	107026.27	109575.78	112157.73
泥浆泵 136 kW	台时	163.36	163.92	164.66	165.40	166.16
编　　号		HF8335	HF8336	HF8337	HF8338	HF8339

项　　目	单位	排泥管线长度（m）				
		5600	5700	5800	5900	6000
工　　长	工时	8.2	8.2	8.2	8.2	8.2
高　级　工	工时					
中　级　工	工时	55.4	55.9	56.4	57.0	57.5
初　级　工	工时	278.6	279.1	279.6	280.2	280.7
合　　计	工时	342.2	343.2	344.2	345.4	346.4
零星材料费	%	3	3	3	3	3
冲吸式挖泥船 136 kW	艘时	83.39	83.78	84.10	84.51	84.84
浮筒 Φ300 mm×5000 mm	组时	1667.78	1675.60	1681.99	1690.23	1696.82
排泥管 Φ300 mm×4000 mm	根时	114659.60	117292.28	119841.79	122541.68	125140.62
泥浆泵 136 kW	台时	166.78	167.56	168.20	169.02	169.68
编　　号		HF8340	HF8341	HF8342	HF8343	HF8344

项　　目	单位	排泥管线长度（m）				
		6100	6200	6300	6400	6500
工　长　工	工时	8.2	8.2	8.2	8.2	8.2
高　级　工	工时					
中　级　工	工时	58.0	58.5	59.0	59.5	60.0
初　级　工	工时	281.2	281.7	282.2	282.7	283.3
合　　　计	工时	347.4	348.4	349.4	350.4	351.5
零星材料费	%	3	3	3	3	3
冲吸式挖泥船 136 kW	艘时	85.14	85.51	85.86	86.13	86.31
浮　筒 Φ300 mm×5000 mm	组时	1702.80	1710.21	1717.22	1722.57	1726.28
排泥管 Φ300 mm×4000 mm	根时	127709.70	130403.67	133084.24	135652.55	138102.40
泥浆泵 136 kW	台时	170.28	171.02	171.72	172.26	172.63
编　　　号		HF8345	HF8346	HF8347	HF8348	HF8349

续表

项目	单位	排泥管线长度（m）				
		6600	6700	6800	6900	7000
工　长	工时	8.2	8.2	8.2	8.2	8.2
高级工	工时					
中级工	工时	60.6	61.1	61.6	62.1	62.6
初级工	工时	283.8	284.3	284.8	285.3	285.8
合　计	工时	352.6	353.6	354.6	355.6	356.6
零星材料费	%	3	3	3	3	3
冲吸式挖泥船 136 kW	艘时	86.58	86.77	87.05	87.24	87.52
浮筒 Φ300 mm×5000 mm	组时	1731.64	1735.34	1740.91	1744.82	1750.38
排泥管 Φ300 mm×4000 mm	根时	140695.43	143165.88	145800.88	148309.70	150970.45
泥浆泵 136 kW	台时	173.16	173.54	174.10	174.48	175.04
编　号		HF8350	HF8351	HF8352	HF8353	HF8354

项 目		单位	排泥管线长度（m）				
			7100	7200	7300	7400	7500
工 长 工		工时	8.2	8.2	8.2	8.2	8.2
高 级 工		工时					
中 级 工		工时	63.1	63.7	64.2	64.7	65.2
初 级 工		工时	286.3	286.9	287.4	287.9	288.4
合 计		工时	357.6	358.8	359.8	360.8	361.8
零星材料费		%	3	3	3	3	3
冲吸式挖泥船 136 kW		艘时	87.77	87.99	88.27	88.53	88.78
浮 筒	Φ300 mm×5000 mm	组时	1755.33	1759.86	1765.42	1770.57	1775.51
排 泥 管	Φ300 mm×4000 mm	根时	153591.03	156187.40	158887.80	161564.51	164235.05
泥 浆 泵 136 kW		台时	175.54	175.98	176.54	177.06	177.56
编 号			HF8355	HF8356	HF8357	HF8358	HF8359

项　　目		单位	排泥管线长度（m）				
			7600	7700	7800	7900	8000
工　　长	工	工时	8.2	8.2	8.2	8.2	8.2
高级工		工时					
中级工		工时	65.7	66.2	66.7	67.3	67.8
初级工		工时	288.9	289.4	289.9	290.5	291.0
合　　计		工时	362.8	363.8	364.8	366.0	367.0
零星材料费		%	3	3	3	3	3
冲吸式挖泥船 136 kW		艘时	88.95	89.24	89.47	89.68	89.91
浮筒 Φ300 mm×5000 mm		组时	1779.02	1784.78	1789.32	1793.64	1798.17
排泥管 Φ300 mm×4000 mm		根时	166782.75	169554.48	172221.67	174880.10	177569.68
泥浆泵 136 kW		台时	177.90	178.48	178.94	179.36	179.82
编　　号			HF8360	HF8361	HF8362	HF8363	HF8364

（2）II类土

单位：10000 m³

项目	单位	排泥管线长度（m）						
		≤400	500	600	700	800	900	1000
工长工	工时	8.2	8.2	8.2	8.2	8.2	8.2	8.2
高级工	工时							
中级工	工时	41.7	42.2	42.7	43.3	43.8	44.3	44.8
初级工	工时	349.7	350.2	350.7	351.2	351.7	352.3	352.8
合计	工时	399.6	400.6	401.6	402.7	403.7	404.8	405.8
零星材料费	%	3	3	3	3	3	3	3
冲吸式挖泥船 136 kW	艘时	97.59	103.80	110.05	115.96	121.35	125.79	129.69
浮筒 Φ300 mm×5000 mm	组时	1951.85	2076.07	2200.90	2319.15	2427.09	2515.88	2593.75
排泥管 Φ300 mm×4000 mm	根时	7319.50	10380.48	13755.60	17393.67	21237.85	25158.78	29179.92
泥浆泵 136 kW	台时							
编号		HF8365	HF8366	HF8367	HF8368	HF8369	HF8370	HF8371

项　　目	单位	排泥管管线长度（m）				
		1100	1200	1300	1400	1500
工　长　工	工时	8.2	8.2	8.2	8.2	8.2
高　级　工	工时					
中　级　工	工时	45.3	45.8	46.4	46.9	47.4
初　级　工	工时	353.3	353.8	354.3	354.8	355.4
合　　计	工时	406.8	407.8	408.9	409.9	411.0
零星材料费	%	3	3	3	3	3
冲吸式挖泥船 136 kW	艘时	133.53	137.18	139.71	142.15	144.16
浮筒 Φ300 mm×5000 mm	组时	2670.58	2743.51	2794.18	2843.01	2883.18
排泥管 Φ300 mm×4000 mm	根时	33381.58	37724.32	41912.82	46200.12	50455.44
泥浆泵 136 kW	台时					
编　　号		HF8372	HF8373	HF8374	HF8375	HF8376

项　　　　目	单位	排泥管线长度（m）				
		1600	1700	1800	1900	2000
工　长　工	工时	8.2	8.2	8.2	8.2	8.2
高　级　工	工时					
中　级　工	工时	47.9	48.4	48.9	49.4	50.0
初　级　工	工时	355.9	356.4	356.9	357.4	357.9
合　　　计	工时	412.0	413.0	414.0	415.0	416.1
零星材料费	%	3	3	3	3	3
冲吸式挖泥船　136 kW	艘时	145.98	147.59	148.92	149.90	110.79
浮筒　Φ300 mm×5000 mm	组时	2919.64	2951.77	2978.35	2997.92	2215.74
排泥管　Φ300 mm×4000 mm	根时	54741.67	59033.58	63291.04	67455.38	52622.36
泥浆泵　136 kW	台时					110.79
编　　　号		HF8377	HF8378	HF8379	HF8380	HF8381

项　　　目	单位	排泥管线长度（m）				
		2100	2200	2300	2400	2500
工　　　　长	工时	8.2	8.2	8.2	8.2	8.2
高　级　工	工时					
中　级　工	工时	50.5	51.0	51.5	52.0	52.5
初　级　工	工时	358.4	359.0	359.5	360.0	360.5
合　　　计	工时	417.1	418.2	419.2	420.2	421.2
零星材料费	%	3	3	3	3	3
冲吸式挖泥船 136 kW	艘时	111.54	112.51	113.34	114.30	115.12
浮　筒 Φ300 mm×5000 mm	组时	2230.77	2250.14	2266.82	2285.98	2302.46
排泥管 Φ300 mm×4000 mm	根时	55768.63	59064.51	62338.34	65719.50	69071.51
泥　浆　泵 136 kW	台时	111.54	112.51	113.34	114.30	115.12
编　　　　号		HF8382	HF8383	HF8384	HF8385	HF8386

续表

项 目	单位	排泥管线长度（m）				
		2600	2700	2800	2900	3000
工 长 工	工时	8.2	8.2	8.2	8.2	8.2
高 级 工	工时					
中 级 工	工时	53.0	53.6	54.1	54.6	55.1
初 级 工	工时	361.0	361.5	362.0	362.6	363.1
合 计	工时	422.2	423.3	424.3	425.4	426.4
零星材料费	%	3	3	3	3	3
冲吸式挖泥船 136 kW	艘时	116.06	116.84	117.65	118.38	119.22
浮筒 Φ300 mm×5000 mm	组时	2321.21	2336.86	2352.93	2367.56	2384.45
排泥管 Φ300 mm×4000 mm	根时	72535.82	75945.40	79413.27	82861.93	86439.60
泥浆泵 136 kW	台时	116.06	116.84	117.65	118.38	119.22
编 号		HF8387	HF8388	HF8389	HF8390	HF8391

项　目	单位	排泥管线长度（m）				
		3100	3200	3300	3400	3500
工长工	工时	8.2	8.2	8.2	8.2	8.2
高级工	工时					
中级工	工时	55.6	56.1	56.7	57.2	57.7
初级工	工时	363.6	364.1	364.6	365.1	365.7
合计	工时	427.4	428.4	429.5	430.5	431.6
零星材料费	%	3	3	3	3	3
冲吸式挖泥船 136 kW	艘时	119.89	120.59	121.41	122.02	122.54
浮筒 Φ300 mm×5000 mm	组时	2397.84	2411.85	2428.12	2440.40	2450.78
排泥管 Φ300 mm×4000 mm	根时	89921.32	93458.47	97121.42	100672.44	104158.06
泥浆泵 136 kW	台时	119.89	120.59	121.41	122.02	122.54
编　号		HF8392	HF8393	HF8394	HF8395	HF8396

项 目		单位	排泥管线长度（m）				
			3600	3700	3800	3900	4000
工 长		工时	8.2	8.2	8.2	8.2	8.2
高级工		工时					
中级工		工时	58.2	58.7	59.2	59.7	60.3
初级工		工时	366.2	366.7	367.2	367.7	368.2
合 计		工时	432.6	433.6	434.6	435.6	436.7
零星材料费		%	3	3	3	3	3
冲吸式挖泥船 136 kW		艘时	123.42	124.08	124.63	125.21	125.68
浮 筒	Φ300 mm×5000 mm	组时	2468.50	2481.68	2492.60	2504.14	2513.61
排 泥 管	Φ300 mm×4000 mm	根时	107992.65	111679.40	115281.23	118950.57	122538.18
泥 浆 泵	136 kW	台时	123.42	124.08	124.63	125.21	125.68
编 号			HF8397	HF8398	HF8399	HF8400	HF8401

项 目	单位	排泥管线长度（m）				
		4100	4200	4300	4400	4500
工 长工	工时	8.2	8.2	8.2	8.2	8.2
高级工	工时					
中级工	工时	60.8	61.3	61.8	62.3	62.8
初级工	工时	368.7	369.3	369.8	370.3	370.8
合计	工时	437.7	438.8	439.8	440.8	441.8
零星材料费	%	3	3	3	3	3
冲吸式挖泥船 136 kW	艘时	126.15	126.76	127.23	127.73	128.11
浮筒 Φ300 mm×5000 mm	组时	2523.09	2535.24	2544.51	2554.61	2562.23
排泥管 Φ300 mm×4000 mm	根时	126149.25	129929.46	133590.99	137306.53	140921.86
泥浆泵 136 kW	台时	126.15	126.76	127.23	127.73	128.11
编 号		HF8402	HF8403	HF8404	HF8405	HF8406

项 目	单位	排泥管线长度（m）				
		4600	4700	4800	4900	5000
工 长	工时	8.2	8.2	8.2	8.2	8.2
高 级 工	工时					
中 级 工	工时	63.3	63.9	64.4	64.9	65.4
初 级 工	工时	371.3	371.8	372.3	372.9	373.4
合 计	工时	442.8	443.9	444.9	446.0	447.0
零星材料费	%	3	3	3	3	3
冲吸式挖泥船 136 kW	艘时	128.74	129.12	129.53	129.88	112.02
浮 筒 Φ300 mm×5000 mm	组时	2574.79	2582.42	2590.66	2597.66	2240.46
排 泥 管 Φ300 mm×4000 mm	根时	144828.23	148487.97	152200.32	155865.04	137225.16
泥 浆 泵 136 kW	台时	128.74	129.12	129.53	129.88	224.04
编 号		HF8407	HF8408	HF8409	HF8410	HF8411

项　　目	单位	排泥管线长度（m）				
		5100	5200	5300	5400	5500
工　　长	工时	8.2	8.2	8.2	8.2	8.2
高　级　工	工时					
中　级　工	工时	65.9	66.4	67.0	67.5	68.0
初　级　工	工时	373.9	374.4	374.9	375.4	376.0
合　　计	工时	448.0	449.0	450.1	451.1	452.2
零星材料费	%	3	3	3	3	3
冲吸式挖泥船 136 kW	艘时	112.71	113.10	113.61	114.12	114.65
浮筒 Φ300 mm×5000 mm	组时	2254.26	2262.09	2272.18	2282.48	2292.99
排泥管 Φ300 mm×4000 mm	根时	140896.28	144203.52	147696.25	151214.58	154777.67
泥浆泵 136 kW	台时	225.42	226.20	227.22	228.24	229.30
编　　号		HF8412	HF8413	HF8414	HF8415	HF8416

项 目	单位	排泥管线长度（m）				
		5600	5700	5800	5900	6000
工长工	工时	8.2	8.2	8.2	8.2	8.2
高级工	工时					
中级工	工时	68.5	69.0	69.5	70.0	70.6
初级工	工时	376.5	377.0	377.5	378.0	378.5
合计	工时	453.2	454.2	455.2	456.2	457.3
零星材料费	%	3	3	3	3	3
冲吸式挖泥船 136 kW	艘时	115.07	115.62	116.06	116.63	117.08
浮筒 Φ300 mm×5000 mm	组时	2301.43	2312.35	2321.21	2332.54	2341.60
排泥管 Φ300 mm×4000 mm	根时	158230.25	161863.35	165381.67	169107.51	172694.06
泥浆泵 136 kW	台时	230.14	231.24	232.12	233.26	234.16
编 号		HF8417	HF8418	HF8419	HF8420	HF8421

项　　目	单位	排泥管线长度（m）				
		6100	6200	6300	6400	6500
工　长　工	工时	8.2	8.2	8.2	8.2	8.2
高　级　工	工时					
中　级　工	工时	71.1	71.6	72.1	72.6	73.1
初　级　工	工时	379.0	379.6	380.1	380.6	381.1
合　　计	工时	458.3	459.4	460.4	461.4	462.4
零星材料费	%	3	3	3	3	3
冲吸式挖泥船 136 kW	艘时	117.49	118.01	118.49	118.86	119.11
浮筒 Φ300 mm×5000 mm	组时	2349.84	2360.14	2369.82	2377.24	2382.18
排泥管 Φ300 mm×4000 mm	根时	176239.39	179957.06	183656.25	187200.51	190581.31
泥浆泵 136 kW	台时	234.98	236.02	236.98	237.72	238.22
编　　号		HF8422	HF8423	HF8424	HF8425	HF8426

项　　目	单位	排泥管线长度（m）				
		6600	6700	6800	6900	7000
工　　长	工时	8.2	8.2	8.2	8.2	8.2
高级工	工时					
中级工	工时	73.6	74.2	74.7	75.2	75.7
初级工	工时	381.6	382.1	382.6	383.2	383.7
合　　计	工时	463.4	464.5	465.5	466.6	467.6
零星材料费	%	3	3	3	3	3
冲吸式挖泥船 136 kW	艘时	119.48	119.74	120.12	120.40	120.78
浮筒 Φ300 mm×5000 mm	组时	2389.60	2394.75	2402.37	2407.93	2415.56
排泥管 Φ300 mm×4000 mm	根时	194159.69	197568.91	201205.22	204667.39	208339.22
泥浆泵 136 kW	台时	238.96	239.48	240.24	240.80	241.56
编　　号		HF8427	HF8428	HF8429	HF8430	HF8431

续表

项目	单位	排泥管线长度（m）				
		7100	7200	7300	7400	7500
工长	工时	8.2	8.2	8.2	8.2	8.2
高级工	工时					
中级工	工时	76.2	76.7	77.3	77.8	78.3
初级工	工时	384.2	384.7	385.2	385.7	386.3
合计	工时	468.6	469.6	470.7	471.7	472.8
零星材料费	%	3	3	3	3	3
冲吸式挖泥船 136 kW	艘时	121.12	121.43	121.82	122.17	122.51
浮筒 Φ300 mm×5000 mm	组时	2422.35	2428.53	2436.36	2443.37	2450.16
排泥管 Φ300 mm×4000 mm	根时	211955.61	215538.61	219265.16	222959.03	226644.36
泥浆泵 136 kW	台时	242.24	242.86	243.64	244.34	245.02
编号		HF8432	HF8433	HF8434	HF8435	HF8436

项 目		单位	排泥管线长度（m）				
			7600	7700	7800	7900	8000
工　长		工时	8.2	8.2	8.2	8.2	8.2
高级工		工时					
中级工		工时	78.8	79.3	79.8	80.3	80.9
初级工		工时	386.8	387.3	387.8	388.3	388.8
合　计		工时	473.8	474.8	475.8	476.8	477.9
零星材料费		%	3	3	3	3	3
冲吸式挖泥船 136 kW	浮筒	艘时	122.76	123.15	123.47	123.76	124.07
排泥管 Φ300 mm×5000 mm		组时	2455.11	2462.94	2469.32	2475.30	2481.48
排泥管 Φ300 mm×4000 mm		根时	230160.20	233985.18	237665.90	241334.53	245046.17
泥浆泵 136 kW		台时	245.52	246.30	246.94	247.52	248.14
编　号			HF8437	HF8438	HF8439	HF8440	HF8441

八-5 冲吸式挖泥船开工展布及收工集合

工作内容：定位，下锚，移船，接、折管线，船舶进退场等。

项 目	单位	开工展布	收工集合
冲吸式挖泥船　136 kW	艘时	29.6	14.8
机　　　艇　88 kW	艘时	29.6	14.8
编　号		HF8442	HF8443

第九章

其他工程

说　明

一、本章包括钢管栏杆、路缘石拆除、路面拆除、水闸监测设施、排水沟、机井、防洪工程植树、标志标牌及标志桩等定额，共9节。

二、水闸监测设施定额中，测压管定额按测压导管10 m、滤管1.3 m以内拟定，涵洞沉陷点定额按沉陷杆10 m拟定。如设计与定额不同，可按实际调整。

三、防洪工程植树

1. 场内运输包括施工点50 m范围以内的材料搬运。本定额运距范围以外的苗木运输费，包含在苗木预算价中。

2. 乔木胸径为地表以上1.2 m高处树干的直径。

3. 冠丛高为地表至灌木顶端的高度。

四、排水沟、标志标牌、标志桩材质及尺寸见附录6。

九-1 钢管栏杆

工作内容：钢管及钢板的切割、钢管挖眼、调直、安装、焊接、校正、固定、油漆，混凝土拌运、浇筑、捣脚、养护。

单位：t

项　目	单位	数量
工　　长	工时	28.9
高　级　工	工时	81.0
中　级　工	工时	101.2
初　级　工	工时	78.1
合　　计	工时	289.2
混　凝　土	m³	0.06
钢　　管	t	1.04
钢　　板	kg	4.00
电　焊　条	kg	3.20
油　　漆	kg	12.67
其他材料费	%	0.50
电　焊　机　25 kVA	台时	2.31
其他机械费	%	5
编　　号		HF9001

九-2 路缘石拆除

工作内容：人工拆除、清理、堆放。

单位：100延米

项　　目	单位	数量
工　　长	工时	1.3
高　级　工	工时	
中　级　工	工时	
初　级　工	工时	26.0
合　　计	工时	27.3
零星材料费	%	5
编　　号		HF9002

九-3 路面拆除

适用范围：堤顶道路。

工作内容：挖除旧路面、清理废料、场地清理、平整。

单位：1000 m²

项　　目	单位	面层	基层
工　　长	工时	13.2	3.7
高　级　工	工时		
中　级　工	工时		
初　级　工	工时	250.5	70.5
合　　计	工时	263.7	74.2
风　镐　手持式	台时	72.59	
推　土　机　132 kW	台时		22.18
其他机械费	%	10	10
编　　号		HF9003	HF9004

注：1. 挖出的废渣需远运时，另按相应的运输定额计算。

　　2. 本定额面层厚度按5 cm、基层厚度按30 cm拟定。

九-4 水闸监测设施

(1) 测压管

工作内容：管口保护装置：测点放线、砌砖、钢筋制作与安装、预制盖板制作与安装。

预埋测压管：测孔、密封检查、进水管加工、滤水箱制作与安装、测压管安装、回填、管顶盖安装等。

钻孔测压管：测孔、钻孔、密封检查、进水管加工、测压管安装、回填、管顶盖安装等。

项　　目	单位	管口保护装置（个）	预埋测压管（孔）	钻孔测压管（孔）
工　　长	工时	0.1	4.5	6.0
高　级　工	工时	0.3	9.0	11.9
中　级　工	工时	1.3	22.5	29.9
初　级　工	工时	1.9	54.0	71.7
合　　计	工时	3.6	90.0	119.5
混　凝　土	m³	0.03		
钢　　筋	kg	3.30		
100目铁丝网	m²		0.52	0.52
砂	m³		0.35	
黏　　土	t			1.80
合 金 钻 头	个			0.20

项　　目	单位	管口保护装置（个）	预埋测压管（孔）	钻孔测压管（孔）
膨　润　土	m³			0.07
水	m³			80.00
砖　　240 mm×115 mm×53 mm	块	66.00		
水　泥　砂　浆	m³	0.04		
钢　　管　Φ50 mm×3.5 mm	kg		46.70	46.70
直套管接头　Φ60 mm×3.5 mm	kg		2.01	2.01
管　顶　盖	套		1.00	1.00
其他材料费	%	10	5	10
灰浆搅拌机	台时	0.02		
泥浆搅拌机	台时			2.47
电　　钻	台时		20.60	
电　焊　机　25 kVA	台时	0.03	0.48	0.48
载　重　汽　车　8 t	台时		0.04	0.04
地　质　钻　机　150型	台时			6.18
泥　浆　泵　HB80/10型	台时			6.18
其他机械费	%	15	15	15
编　　号		HF9005	HF9006	HF9007

（2）渗压计

工作内容：渗压计浸泡、包砂袋、埋设、回填、测读初值。

单位：支

项　　目	单位	数量
工　　长	工时	1.9
高　级　工	工时	3.7
中　级　工	工时	18.5
初　级　工	工时	13.0
合　　计	工时	37.1
零星材料费	%	20
编　　号		HF9008

注：渗压计埋设不含电缆及电缆保护管，不含仪器率定费用。

（3）沉陷观测设施

工作内容：工作基点：测点放线，开挖，基底夯实，铺碎石垫层，砌砖，模板制作、安装、拆除，混凝土浇筑、养护，钢筋制作、安装，预埋件加工与埋设，金属沉陷点埋设，盖板预制与安装，回填土。

闸墩沉陷点：测点放线、预埋件加工与埋设、金属沉陷点埋设。

涵洞沉陷点：测孔放线、钢管加工与埋设、管口钢板封口焊接、金属沉降标点焊接。

单位：点

项目	单位	工作基点	闸墩沉陷点	涵洞沉陷点	
				深式标点	沉陷点
工　　长	工时	0.9	0.7	3.7	0.6
高　级　工	工时	2.0	1.3	7.3	1.2
中　级　工	工时	8.3	3.4	20.4	3.1
初　级　工	工时	13.9	8.1	44.1	7.3
合　　计	工时	25.1	13.5	75.5	12.2
混　凝　土	m³	0.12			
锯　　材	m³	0.02			
铁　　件	kg	0.13			
预　埋　铁　件	kg	2.00			

续表

项　目	单位	工作基点	闸墩沉陷点	涵洞沉陷点	
				深式标点	沉陷点
钢　筋	kg	2.86			
砖　240 mm×115 mm×53 mm	块	147			
水 泥 砂 浆	m³	0.07			
碎　石	m³	0.10			
钢　管　Φ48 mm×3.5 mm	kg			39.55	
直套管接头　Φ55 mm×3.5 mm	kg			0.92	
金 属 沉 陷 点	个	1.0	1.0	1.0	1.0
电 焊 条	kg			1.50	
其 他 材 料 费	%	10	10	15	15
电 焊 机　25 kVA	台时	0.55		1.49	
风　钻　手持式	台时		0.52		0.21
载 重 汽 车　8 t	台时			0.04	
其 他 机 械 费	%	20	15	15	15
混 凝 土 拌 制	m³	0.12			
混 凝 土 运 输	m³	0.12			
编　号		HF9009	HF9010	HF9011	HF9012

（4）水平位移观测设施

工作内容：工作基点：测点布置，开挖，基底夯实，模板制作、安装、拆除，混凝土浇筑、养护，钢筋制作、安装，强制对中盘安装。

水平位移测点：测点布置，模板制作、安装、拆除，混凝土浇筑、养护，钢筋制作、安装，强制对中盘安装。

单位：点

项　目	单位	工作基点	水平位移测点
工　　　长	工时	0.7	0.2
高　级　工	工时	1.9	0.4
中　级　工	工时	12.6	5.3
初　级　工	工时	6.8	1.6
合　　　计	工时	22.0	7.5
混　凝　土	m^3	1.19	0.10
锯　　　材	m^3	0.03	0.03
铁　　　件	kg	0.31	0.26
预　埋　铁　件	kg	4.66	3.88
钢　　　筋	kg	11.05	4.75
其他材料费	%	15	15
振　动　器　1.1 kW	台时	0.42	0.03
电　焊　机　25 kVA	台时	0.11	0.05
其他机械费	%	15	15
混凝土拌制	m^3	1.19	0.10
混凝土运输	m^3	1.19	0.10
编　　号		HF9013	HF9014

九-5 排水沟

（1）预制混凝土排水沟

适用范围：堤防工程。

工作内容：挖沟，修底，夯实，垫层铺筑，混凝土预制、运输、
砌筑、养护。

单位：100 m

项　　　目	单位	堤防排水沟	淤区顶部排水沟
工　　　长	工时	12.6	10.0
高　级　工	工时	29.4	23.3
中　级　工	工时	112.9	91.6
初　级　工	工时	255.4	208.3
合　　　计	工时	410.3	333.2
组合钢模板	kg	7.06	7.06
铁　　　件	kg	1.49	1.49
土	m³	21.48	21.48
生　石　灰	t	4.54	4.54
混　凝　土	m³	6.06	6.06
水　泥　砂　浆	m³	0.32	0.32
水	m³	18.28	18.28
其他材料费	%	5	5
搅　拌　机　0.4 m³	台时	1.14	1.14
胶　轮　车	台时	5.80	5.80
振　动　器　1.1 kW	台时	3.44	3.44
手扶拖拉机　11 kW	台时	4.64	4.64
蛙式打夯机　2.8 kW	台时	13.73	14.04
其他机械费	%	10	10
编　　　号		HF9015	HF9016

注：每增加一个消力池，排水沟工程量增加 1 m。

（2）现浇混凝土排水沟

适用范围：堤防工程。

工作内容：挖沟，修底，夯实，垫层铺筑，模板制作、安装、拆
除，混凝土拌制、运输、浇筑、振捣及养护。

单位：100 m

项　　　目	单位	堤防排水沟	淤区顶部排水沟
工　　　长	工时	13.3	11.8
高　级　工	工时	29.5	29.5
中　级　工	工时	79.5	79.5
初　级　工	工时	236.4	164.5
合　　　计	工时	358.7	285.3
组合钢模板	kg	38.19	38.19
型　　　钢	kg	20.63	20.63
卡　扣　件	kg	12.16	12.16
铁　　　件	kg	0.72	0.72
预埋铁件	kg	13.77	13.77
电　焊　条	kg	1.19	1.19
土	m³	21.48	21.48
生　石　灰	t	4.54	4.54
混　凝　土	m³	6.37	6.37
水	m³	11.53	11.53
其他材料费	%	2	2
搅　拌　机　0.4 m³	台时	1.18	1.18
胶　轮　车	台时	5.45	5.45
机动翻斗车　1 t	台时	2.05	2.05
振　动　器　1.1 kW	台时	2.80	2.80
电　焊　机　25 kVA	台时	1.34	1.34
蛙式打夯机　2.8 kW	台时	13.73	14.04
其他机械费	%	15	15
编　　　号		HF9017	HF9018

注：每增加一个消力池，排水沟工程量增加 1 m。

（3）堤顶边埂侧缘石

适用范围：堤防工程。

工作内容：放样，开槽，原土夯实，预制、安砌混凝土侧缘石，
勾缝，清理。

单位：100 m

项　　目	单位	数量
工　　长	工时	4.7
高　级　工	工时	13.1
中　级　工	工时	52.7
初　级　工	工时	73.5
合　　计	工时	144.0
组合钢模板	kg	2.73
铁　　件	kg	0.53
混　凝　土	m³	2.97
水　泥　砂　浆	m³	0.12
水	m³	7.13
其他材料费	%	5
搅　拌　机　0.4 m³	台时	0.57
胶　轮　车	台时	2.84
手扶拖拉机　11 kW	台时	2.33
蛙式打夯机　2.8 kW	台时	1.68
其他机械费	%	15
编　　号		HF9019

九-6 机 井

适用范围：井深 50 m 以内，钻井孔径 800 mm 以内。

工作内容：钻孔、泥浆固壁、井管安装、填滤料、洗井、井盖制作安装。

单位：100 m

项 目	单位	地层				
		松散层 I 类	松散层 II 类	松散层 III 类	松散层 IV 类	松散层 V 类
工 长	工时	76.2	82.4	103.0	110.2	117.4
高 级 工	工时	299.7	323.4	405.8	437.8	462.5
中 级 工	工时	843.6	907.4	1133.0	1220.6	1289.6
初 级 工	工时	310.0	332.7	415.1	447.0	471.7
合 计	工时	1529.5	1645.9	2056.9	2215.6	2341.2
井 管	m	103	103	103	103	103
黏 土	m³	20.53	22.63	25.73	28.73	31.83
滤 料	m³	6.67	6.67	6.67	6.67	6.67
井盖混凝土	m³	0.22	0.22	0.22	0.22	0.22
水	m³	38.20	46.30	61.80	77.20	92.70
钻 头	个	1.90	2.50	3.40	4.60	5.50
钻 杆	m	1.60	2.10	2.60	3.20	3.90
其他材料费	%	2	2	2	2	2

项　　目	单位	地层				
		松散层Ⅰ类	松散层Ⅱ类	松散层Ⅲ类	松散层Ⅳ类	松散层Ⅴ类
地质钻机　300型	台时	136.37	181.69	215.89	259.56	305.91
泥浆泵　3PN	台时	62.62	76.63	142.96	178.81	214.65
泥浆搅拌机	台时	4.53	5.77	7.83	9.48	11.54
离心水泵　11~17 kW	台时	175.10	175.10	175.10	175.10	175.10
其他机械费	%	5	5	5	5	5
编　　号		HF9020	HF9021	HF9022	HF9023	HF9024

注：1. 井管数量包括实管和花管，其比例按照设计确定；

2. 钻井井径不同时，定额乘以下列系数：

井径（mm）	600~650	650~700	700~800
系数	0.85	0.92	1

3. 钻井孔深不同时，定额乘以下列系数：

孔深（m）	≤50	50~100
系数	1	1.25

4. 地层分类见附录4。

九－7 防洪工程植树

（1）防浪林

适用范围：乔木：胸径 3~5 cm；

灌木：冠丛高 100 cm 以内。

工作内容：平整场地、挖坑、栽植、浇水、覆土保墒、整理。

单位：100 株

项　　目	单位	乔木	灌木
工　　长	工时	1.0	0.8
高　级　工	工时		
中　级　工	工时		
初　级　工	工时	40.2	32.1
合　　计	工时	41.2	32.9
树　　木	株	105	105
水	m³	2.50	2.50
其他材料费	%	2	2
推　土　机　74 kW	台时	0.73	0.18
编　　号		HF9025	HF9026

（2）行道林

适用范围：堤顶行道林，树木胸径不小于5 cm。

工作内容：挖坑、栽植、浇水、覆土保墒、整理。

单位：100 株

项　　　目	单位	胸径（cm）	
		5～7	7～10
工　　　长	工时	3.4	5.2
高　级　工	工时		
中　级　工	工时		
初　级　工	工时	133.6	200.9
合　　　计	工时	137.0	206.1
乔　　　木	株	103	103
水	m³	5.00	7.50
其他材料费	%	2	2
编　　　号		HF9027	HF9028

（3）适生林

适用范围：淤区适生林，树木胸径2～5 cm。

工作内容：挖坑、栽植、浇水、覆土保墒、整理。

单位：100 株

项　　目	单位	人力挖坑	机械挖坑
工　　长	工时	0.9	0.4
高 级 工	工时		
中 级 工	工时		
初 级 工	工时	36.2	16.6
合　　计	工时	37.1	17.0
乔　　木	株	105	105
水	m³	4.00	4.00
其他材料费	%	2	2
挖 坑 机	台时		1.80
编　　号		HF9029	HF9030

（4）护堤地林

适用范围：护堤地林。

工作内容：平整场地、挖坑、栽植、浇水、覆土保墒、整理。

单位：100 株

项 目	单位	胸径（cm）	
		3~5	5~7
工 长	工时	1.0	2.1
高 级 工	工时		
中 级 工	工时		
初 级 工	工时	40.2	73.1
合 计	工时	41.2	75.2
乔 木	株	105	105
水	m³	2.50	5.00
其他材料费	%	2	2
推 土 机 74 kW	台时	0.73	0.73
编 号		HF9031	HF9032

九-8 标志标牌

(1) 工程管理责任牌

工作内容：不锈钢面板：基础开挖、回填，预制混凝土面板，安装不锈钢板；

有机玻璃面板：基础开挖、回填，底座混凝土浇筑及钢筋制作与安装，预埋法兰，安装立柱、有机玻璃。

单位：个

项 目	单位	不锈钢面板	有机玻璃面板
工 长	工时	0.6	0.6
高 级 工	工时	1.9	2.4
中 级 工	工时	8.1	5.3
初 级 工	工时	6.0	4.7
合 计	工时	16.6	13.0
组合钢模板	kg	2.08	0.11
铁 件	kg	2.95	0.05
钢 筋	kg	16.63	17.00
电 焊 条	kg		1.50
不锈钢管 Φ100 mm	kg		40.00
不锈钢管 Φ150 mm	kg		15.66
不锈钢板 1 mm	kg	46.12	11.27
有机玻璃	m²		6.41
混 凝 土	m³	0.16	0.16
其他材料费	%	5	5
搅 拌 机 0.4 m³	台时	0.03	0.03
胶 轮 车	台时	0.13	0.13
振 动 器 1.1 kW	台时	0.07	0.07
载重汽车 5 t	台时	0.07	
电 焊 机 25 kVA	台时		1.55
型钢剪断机	台时		0.08
其他机械费	%	15	15
编 号		HF9033	HF9034

（2）交界牌

工作内容：基础开挖、回填，混凝土浇筑及钢筋制作与安装，刷漆，预埋法兰底座，安装立柱，安装标志。

单位：个

项　　目	单位	数量
工　　长	工时	2.4
高　级　工	工时	6.0
中　级　工	工时	26.8
初　级　工	工时	32.2
合　　计	工时	67.4
组合钢模板	kg	1.51
无缝钢管　Φ168 mm	kg	189.00
镀锌铁件	kg	74.50
标　志　牌　铝合金3.5 mm	块	1.00
合成树脂5 mm	块	1.00
钢　　筋	kg	30.00
混　凝　土	m³	2.20
其他材料费	%	5
搅　拌　机　0.4 m³	台时	0.40
胶　轮　车	台时	1.84
振　动　器　1.1 kW	台时	0.98
载　重　汽　车　5 t	台时	0.58
汽车起重机　5 t	台时	0.58
其他机械费	%	15
编　　号		HF9035

（3）简介牌

工作内容：险工、控导简介牌：基础开挖、回填、拌浆，洒水，
砌砖，贴大理石面砖及蘑菇石。

水闸简介牌：基础开挖、回填、拌浆，洒水，砌砖，
贴蘑菇石，大理石吊装。

单位：个

项　　　目	单位	险工 简介牌	控导 简介牌	水闸 简介牌
工　　　　长	工时	4.7	11.8	1.0
高　级　工	工时	8.3	20.1	1.8
中　级　工	工时	42.4	112.8	8.5
初　级　工	工时	55.6	148.3	12.1
合　　　　计	工时	111.0	293.0	23.4
砖	千块	1.46	5.14	0.23
水　泥　砂　浆	m³	1.07	3.34	0.17
蘑　菇　石　板　材	m²	4.43	6.92	2.60
乳液型建筑胶粘剂	kg	7.33	17.76	1.07
大　理　石　面　砖	m²	13.37	36.21	
大　理　石	块			1.00
其　他　材　料　费	%	5	5	5
搅　拌　机　0.4 m³	台时	0.20	0.63	0.03
胶　轮　车	台时	1.61	5.68	0.26
汽　车　起　重　机　5 t	台时			0.18
其　他　机　械　费	%	10	10	10
编　　　号		HF9036	HF9037	HF9038

注：刻字、刷漆费用包含在大理石、大理石面砖预算价中。

（4）交通标志牌

工作内容：挖坑、回填，混凝土浇筑及钢筋制作与安装，刷漆，
预埋法兰底座，安装立柱，安装标志。

单位：个

项　　目		单位	警告、禁令 标志牌	交通指示牌
工　　　　长		工时	0.8	2.4
高　级　工		工时	1.2	6.0
中　级　工		工时	11.3	26.8
初　级　工		工时	17.1	32.2
合　　　　计		工时	30.4	67.4
组合钢模板		kg	0.84	1.51
镀锌铁件		kg	28.60	74.50
无缝钢管	Φ108 mm	kg	25.14	
	Φ168 mm	kg		189.00
标　志　牌	铝合金3 mm	块	1.00	1.00
	合成树脂3.5 mm	块	1.00	1.00
钢　　　　筋		kg	4.00	30.00
混　凝　土		m³	1.24	2.20
其他材料费		%	5	5
搅　拌　机	0.4 m³	台时	0.23	0.40
胶　轮　车		台时	1.03	1.84
振　动　器	1.1 kW	台时	0.55	0.98
汽车起重机	5 t	台时	0.25	0.58
载重汽车	5 t	台时	0.25	0.58
其他机械费		%	15	15
编　　　号			HF9039	HF9040

九 – 9　标志桩

工作内容：预制混凝土构件：定位、混凝土及钢筋的全部工序、
　　　　　埋设、油漆。
　　　　　石材构件：定位、埋设、油漆。

（1）千米桩、百米桩、坝号桩、根石断面桩

单位：100 根

项　　目	单位	千米桩	百米桩		坝号桩	根石断面桩
			混凝土	石材		
工　　　　长	工时	8.1	3.2	0.3	0.6	1.3
高　级　工	工时					
中　级　工	工时	108.6	58.4	33.5	34.6	54.0
初　级　工	工时	111.2	46.6	20.9	38.3	29.1
合　　　　计	工时	227.9	108.2	54.7	73.5	84.4
组合钢模板	kg	29.88	9.34			5.60
铁　　件	kg	7.34	2.30			1.38
钢　　筋	kg	210.00	116.72			
油　　漆	kg	8.68	5.15	5.15	8.68	0.81
石　　材	根			103	103	
混　凝　土	m³	3.71	1.16			0.70
水	m³	5.76	1.80			1.08
其他材料费	%	5	5	2	2	5
搅　拌　机　0.4 m³	台时	0.69	0.22			0.12
胶　轮　车	台时	3.17	0.99			0.60
载 重 汽 车　5 t	台时	1.56	0.48	0.48	1.56	0.29
其他机械费	%	5	5	5	5	5
编　　号		HF9041	HF9042	HF9043	HF9044	HF9045

注：1. 千米桩定额子目为混凝土材质，石材千米桩采用坝号桩定额子目；
　　2. 石材标志桩刻字费用包含在石材预算价中。

（2）高标桩、滩岸桩、边界桩、交通警示桩

单位：100 根

项　　目	单位	高标桩	滩岸桩、边界桩	交通警示桩
工　　长	工时	37.9	7.9	6.8
高　级　工	工时			
中　级　工	工时	405.0	113.2	101.8
初　级　工	工时	512.2	98.7	89.4
合　　计	工时	955.1	219.8	198.0
组合钢模板	kg	102.54	28.22	24.28
铁　　件	kg	27.18	6.94	5.97
钢　　筋	kg	1156.68	245.82	208.85
油　　漆	kg	83.01	22.5	22.50
混　凝　土	m³	24.51	3.5	3.01
水	m³	33.08	5.44	4.68
其他材料费	%	5	5	5
搅　拌　机　0.4 m³	台时	4.55	0.65	0.57
胶　轮　车	台时	20.96	3.00	2.58
汽车起重机　5 t	台时	3.03		
载重汽车　5 t	台时	4.87	1.46	1.26
其他机械费	%	5	5	5
编　　号		HF9046	HF9047	HF9048

附录1　土类分级表

土质级别	土质名称	自然湿容重 （kg/m³）	外形特征	开挖方法
I	1. 砂土 2. 种植土	1650～1750	疏松，黏着力差或易透水，略有黏性	用锹或略加脚踩开挖
II	1. 壤土 2. 淤泥 3. 含壤种植土	1750～1850	开挖时能成块，并易打碎	用锹需用脚踩开挖
III	1. 黏土 2. 干燥黄土 3. 干淤泥 4. 含少量砾石黏土	1800～1950	粘手，看不见砂粒或干硬	用镐、三齿耙工具开挖或用锹需用力加脚踩开挖
IV	1. 坚硬黏土 2. 砾质黏土 3. 含卵石黏土	1900～2100	土壤结构坚硬，将土分裂后成块状或含黏粒砾石较多	用镐、三齿耙工具开挖

附录2 水力冲挖机组土类划分表

土类	土类名称	自然容重（kg/m³）	外形特征	开挖方法
I	1. 稀淤	1500~1800	含水饱和，搅动即成糊状	不成锹，用桶装运
	2. 流砂		含水饱和，能缓缓流动，挖而复涨	
II	1. 砂土	1650~1750	颗粒较粗，无凝聚性和可塑性，空隙大，易透水	用铁锹开挖
	2. 砂壤土		土质松软，由砂及壤土组成，易成浆	
III	1. 烂淤	1700~1850	行走陷足，粘锹粘筐	用铁锹或长苗大锹开挖
	2. 壤土		手触感觉有砂的成分，可塑性好	
	3. 含根种植土		有植物根系，能成块，易打碎	

附录 3　钻机钻孔工程地层分类与特征表

地层名称	特　　征
1. 黏土	塑性指数 >17，人工回填压实或天然的黏土层，包括黏土含石
2. 砂壤土	1 < 塑性指数 ≤17，人工回填压实或天然的砂壤土层，包括土砂、壤土、砂土互层、壤土含石和砂土
3. 淤泥	包括天然孔隙比 >1.5 时的淤泥和 1 < 天然孔隙比 ≤1.5 的黏土和亚黏土
4. 粉细砂	d_{50} ≤0.25 mm，塑性指数 ≤1，包括粉砂、粉细砂含石
5. 中粗砂	0.25 mm < d_{50} ≤2 mm，包括中粗砂含石
6. 砾石	粒径 2 ~ 20 mm 的颗粒占全重 50% 的地层，包括砂砾石和砂砾
7. 卵石	粒径 20 ~ 200 mm 的颗粒占全重 50% 的地层，包括砂砾卵石
8. 漂石	粒径 200 ~ 800 mm 的颗粒占全重 50% 的地层，包括漂卵石
9. 混凝土	指水下浇筑，龄期不超过 28 d 的防渗墙接头混凝土
10. 基岩	指全风化、强风化、弱风化的岩石
11. 孤石	粒径 >800 mm 包括含石量 ≤50% 的地层，处理后的孤石按基岩定额计算

注：1、2、3、4、5 项包括含石量 ≤50% 的地层。

附录 4 水文地质钻探地层分类表

地层分类	地层名称
松散层 I 类	耕土、填土、淤泥、泥炭、可塑性黏土、软矿藻土、粉土、粉砂、细砂、中砂、含圆(角)砾及硬杂质在10%以内的黏性土、粉土、新黄土
松散层 II 类	坚硬的黏性土、老黄土、粗砂、砂砾、含圆(角)砾、卵石(碎石)及硬杂质在10%~20%的黏性土、粉土和填土
松散层 III 类	圆(角)砾层、含卵石(碎石)及硬杂质在20%~30%的黏性土、粉土
松散层 IV 类	冻土层、粒径在20~50 mm含量超过50%的卵石(碎石)层、含卵石30%~50%的黏性土、粉土
松散层 V 类	粒径在50~150 mm含量超过50%的卵石(碎石)层、强风化各类岩石

附录 5 无砂混凝土配合比表

单位：m³

水泥强度等级	最大粒径 （mm）	配合比		水泥 （kg）	预算量	
		水泥	石子		碎石 （m³）	水 （m³）
42.5	20	1	5	318	1.1	0.12

附录 6 其他工程特性表

序号	名称	材质及尺寸
1	排水沟	
1.1	排水沟	混凝土梯形断面，上口净宽 36 cm，底净宽 30 cm，净深 16 cm，壁厚 8 cm，排水沟两侧及底部采用三七灰土垫层，厚度 15 cm
1.2	堤顶边埂侧缘石	预制混凝土块侧缘石，长×宽×高为 80 cm×10 cm×30 cm，埋深15 cm

序号	名称	材质及尺寸
2	防洪工程植树	
2.1	防浪林	乔木树坑尺寸：长×宽×高为40 cm×40 cm×40 cm；灌木树坑尺寸：长×宽×高为30 cm×30 cm×30 cm
2.2	行道林	胸径5~7 cm 树坑尺寸：长×宽×高为60 cm×60 cm×60 cm；胸径7~10 cm 树坑尺寸：长×宽×高为80 cm×80 cm×80 cm
2.3	适生林	树坑尺寸：长×宽×高为40 cm×40 cm×40 cm
2.4	护堤地林	树坑尺寸：长×宽×高为40 cm×40 cm×40 cm
3	标志牌	
3.1	工程管理责任牌	
3.1.1	不锈钢面板责任牌	预制钢筋混凝土材质，面板尺寸为120 cm×80 cm×12 cm，立柱断面12 cm×12 cm，长140 cm，埋深70 cm，正反两侧镶不锈钢面板
3.1.2	有机玻璃面板责任牌	面板采用有机玻璃框体，立柱为钢管，顶端为高耐热的遮阳板，底座采用现浇混凝土；面板尺寸为2 m×1.2 m，下沿离地高度80 cm，钢管立柱尺寸为 Φ100 mm×2200 mm，外包不锈钢管 Φ150 mm，遮阳板长度2.5 m

序号	名称	材质及尺寸
3.2	交界牌	单悬臂式结构，立柱杆采用钢管，牌采用3.5 mm铝合金板或5 mm合成树脂，钢管立柱尺寸为Φ168 mm，长6 m，牌面板尺寸为140 cm×100 cm，板面采用反光蓝底白字图案
3.3	简介牌	
3.3.1	险工简介牌	砖砌结构，底座外镶蘑菇石，碑面外贴大理石面砖，牌尺寸3 m×1.85 m×0.3 m，底座尺寸3.4 m×0.8 m×0.6 m
3.3.2	控导简介牌	砖砌结构，底座外镶蘑菇石，碑面外贴大理石面砖，牌尺寸5 m×3 m×0.5 m，底座尺寸5.4 m×0.8 m×0.8 m
3.3.3	水闸简介牌	牌采用大理石构件，尺寸为1.5 m×1 m×0.15 m；基座采用砖砌结构，外镶蘑菇石，尺寸为1.9 m×0.45 m×0.6 m
3.4	交通标志牌	
3.4.1	交通警示牌	立柱杆为Φ108 mm×4.5 mm×2200 mm钢管立柱；标志牌采用3 mm铝合金板或3.5 mm合成树脂，为三角形，边长80 cm
3.4.2	禁令标志牌	立柱杆为Φ108 mm×4.5 mm×2200 mm钢管立柱；标志牌采用3 mm铝合金板或3.5 mm合成树脂，为圆形，直径90 cm
3.4.3	交通指示牌	同交界牌

序号	名称	材质及尺寸
4	标志桩	
4.1	千米桩	材料采用钢筋混凝土标准构件或坚硬石材，长×宽×高为 30 cm×15 cm×80 cm，埋深 40 cm
4.2	百米桩	材料采用钢筋混凝土标准构件或坚硬石材，长×宽×高为 15 cm×15 cm×50 cm，埋深 30 cm
4.3	坝号桩	材料采用坚硬料石，长×宽×高为 30 cm×15 cm×80 cm，埋深 40 cm
4.4	根石断面桩	材料采用钢筋混凝土标准构件，长×宽×高为 15 cm×15 cm×30 cm，埋深 30 cm
4.5	高标桩	材料采用预制钢筋混凝土构件，全长 3.5 m；标牌为等边三角形，边长 100 cm，厚 15 cm；支架柱为正四棱柱，柱宽 0.15 m，埋深 1 m，基础为混凝土墩
4.6	滩岸桩、边界桩	材料采用预制钢筋混凝土标准构件，长×宽×高为 15 cm×15 cm×150 cm，埋深 50 cm
4.7	交通警示桩	材料采用预制钢筋混凝土标准构件，长×宽×高为 15 cm×15 cm×130 cm，埋深 50 cm

第二篇　黄河防洪设备安装
　　　　工程概算定额

总 说 明

一、《黄河防洪设备安装工程概算定额》(以下简称本定额),是根据黄河防洪工程建设实际,对水利部颁发的《水利水电设备安装工程概算定额》(1999)的补充。章的编号与其一致,分为电气设备安装、起重设备安装、闸门安装,共三章。

二、本定额适用于黄河防洪工程,是编制初步设计概算的依据。

三、本定额根据国家和有关部门颁发的定额标准、施工技术规范、验收规范等进行编制。

四、本定额适用于下列主要施工条件:

1. 设备、附件、构件、材料符合质量标准及设计要求。

2. 设备安装条件符合施工组织设计要求。

3. 按每天三班制和每班八小时工作制进行施工。

五、本定额中人工、材料、机械台时等均以实物量表示。

六、本定额中材料及机械仅列出主要材料和主要机械的品种、型号、规格和数量,次要材料和一般小型机械及机具已分别按占主要材料费和主要机械费的百分率计入"其他材料费"和"其他机械费"中。使用时如有品种、型号、规格不同,不分主次均不作调整。

七、本定额未计价材料的用量,应根据施工图设计量并计入规定的操作消耗量计算。

八、定额中人工、机械用量是指完成一个定额子目工作内容所需的全部人工和机械。包括基本工作、准备与结束、辅助生产、不可避免的中断、必要的休息、工程检查、交接班、班内工作干扰、夜间施工工效影响，以及常用工具和机械的维修、保养、加油、加水等全部工作。

目　录

第六章　电气设备安装

第九章　起重设备安装

第十章　闸门安装

第六章

电气设备安装

说　明

一、本章包括干式变压器、油浸式变压器、变压器干燥、变压器油过滤、柴油发电机组、跌落式熔断器、杆上避雷器、组合式变电站、高压开关柜（真空断路器）安装，共9节。

二、本章定额子目工作内容

1. 干式变压器安装

本节分干式变压器≤500 kVA/35 kV、≤1000 kVA/35 kV、≤2000 kVA/35 kV 三个子目，以"台"为计量单位。

变压器如带有保护外罩，人工、机械乘以系数1.2。

工作内容包括搬运、开箱、器身检查、本体就位，垫铁制作、安装，附件安装，接地，配合电气试验。

2. 油浸式变压器安装

本节分台上变压器≤80 kVA/10 kV、≤160 kVA/10 kV，杆上变压器≤80 kVA/10 kV、≤160 kVA/10 kV 四个子目，以"台"为计量单位。

变压器油按设备自带考虑，但施工中变压器油的过滤损耗以及操作损耗已包括在相关定额中；干式电力变压器安装按相同电压等级、容量的油浸式变压器（台上）定额乘以0.7系数。

杆上变压器安装工作内容包括支架、横担、撑铁安装，设备安装固定、检查、调整，配线、接线、接地，补漆，配合电气试验。

台上变压器安装工作内容包括搬运、开箱、检查，本体就位，垫铁及附件制作、安装，接地，补漆，配合电气试验。

杆上变压器安装中台架、瓷瓶、连引线、金具及接线端子等按未计价材料，依据设计的规格另行计算。

3. 变压器干燥

本节分油浸式变压器≤80 kVA/10 kV、≤160 kVA/10 kV 两个子目，以"台"为计量单位。

变压器通过试验，判定绝缘材料受潮时才需要干燥。

工作内容包括干燥维护、干燥用机具装拆、检查、记录、整理、清扫收尾及注油。

4. 变压器油过滤

本子目以"t"为计量单位。

根据制造厂提供的油量计算，不论过滤多少次，直到合格为止。

工作内容包括过滤前的准备及过滤后的清理、油过滤、取油样、配合试验。

5. 柴油发电机组安装

本节分柴油发电机组≤100 kW、≤200 kW、≤400 kW 三个子目，以"组"为计量单位。

柴油发电机所需的底座费用，应根据设计图纸按有关定额另行计算。

安装排气系统所用的镀锌钢管、U 型钢、弯头、法兰盘、法兰螺栓、膨胀螺栓等主要材料按未计价材料，依据设计的规格另行计算。

柴油发电机组安装工作内容包括现场搬运、开箱检验、稳机找平、安装固定、接地、绝缘测量、试车（10 h）等。

安装排气系统工作内容包括清点材料、丈量尺寸、排气管加工套丝（或焊接）、焊法兰盘、垫石棉垫、安装固定（含吊挂）、安装波纹管及消音器等。

6. 跌落式熔断器安装

本子目以"组"为计量单位，每组为 3 只。

跌落式熔断器安装中连引线、绝缘子、横担及金具等按未计价材料，依据设计的规格另行计算。

工作内容包括搬运、开箱检查，支架、横担、撑铁安装，设备安装固定、检查、调整、配线、接线。

7. 杆上避雷器安装

本节分避雷器0.4 kV、10 kV两个子目，以"组"为计量单位，每组为3只。

杆上避雷器安装中连引线、绝缘子、横担及金具等按未计价材料，依据设计的规格另行计算。

工作内容包括搬运、开箱检查，支架、横担、撑铁安装，设备安装固定、检查、调整，配线、接线、接地，配合电气试验。

8. 组合式变电站安装

本节组合式变电站为带高压开关柜组合式变电站，分≤100 kVA/10 kV 和 ≤315 kVA/10 kV两个子目，以"台"为计量单位。

工作内容包括搬运、开箱、检查、安装固定、接线、接地、配合电气试验。

9. 高压开关柜（真空断路器）安装

本节分10 kV高压开关柜（真空断路器）、35 kV高压开关柜（真空断路器）两个子目，以"台"为计量单位。

工作内容包括搬运、开箱检查，就位、找正、固定、柜间连接，断路器解体检查，联锁装置检查，断路器调整，其他设备检查，导体接触面检查，二次元件拆装，校接线，接地，刷漆，配合电气试验。

六-1 干式变压器

单位：台

项　　目	单位	35 kV 容量（kVA）		
		≤500	≤1000	≤2000
工　　　　长	工时	5.6	7.2	8.7
高　级　工	工时	27.6	36.2	43.2
中　级　工	工时	40.5	53.0	63.3
初　级　工	工时	18.4	24.1	28.7
合　　　　计	工时	92.1	120.5	143.9
棉　纱　头	kg	0.51	0.51	0.51
棉　　　布	kg	0.10	0.10	0.10
铁　砂　布	张	2.04	2.04	2.04
塑　料　布	m²	2.04	2.55	2.55
电　焊　条	kg	0.31	0.31	0.31
汽　　　油	kg	0.51	1.02	1.53
镀锌铁丝　8#~12#	kg	1.02	2.04	2.70
调　和　漆	kg	2.55	3.06	3.06
防　锈　漆	kg	0.51	1.02	1.02
钢板垫板	kg	4.08	6.12	6.63
钢　锯　条	根	1.02	1.02	1.02
电力复合脂	kg	0.05	0.05	0.05
镀锌扁钢　-40×4	kg	4.59	4.59	4.59
镀锌螺栓　M20×100 以内	套	4.18	4.18	4.18
其他材料费	%	20	20	20
汽车起重机　5 t	台时	0.81		
汽车起重机　8 t	台时		2.69	3.02
载重汽车　5 t	台时	0.81		
载重汽车　8 t	台时		1.48	1.68
交流电焊机　25 kVA	台时	2.02	2.02	2.69
其他机械费	%	10	10	10
编　　　号		HF0601	HF0602	HF0603

六-2 油浸式变压器

(1)台上变压器

单位：台

项　　目	单位	10 kV 容量（kVA）	
		≤80	≤160
工　　　　长	工时	2.8	3.1
高　级　工	工时	14.0	15.6
中　级　工	工时	23.3	26.0
初　级　工	工时	6.5	7.2
合　　　计	工时	46.6	51.9
棉　纱　头	kg	0.40	0.43
塑　料　布	m²	1.53	1.53
电　焊　条	kg	0.86	0.86
汽　　　油	kg	0.23	0.27
镀锌铁丝　8#～12#	kg	1.02	1.02
调　和　漆	kg	0.29	0.31
防　锈　漆	kg	0.41	0.50
电力复合脂	kg	0.02	0.02
镀锌扁钢　-40×4	kg	4.59	4.59
钢板垫板	kg	5.10	5.10
精制螺栓　M18×100以内	套	4.18	4.18
醇酸磁漆	kg	0.20	0.20
其他材料费	%	12	12
汽车起重机　8 t	台时	2.17	2.42
载重汽车　5 t	台时	0.24	0.28
交流电焊机　25 kVA	台时	2.02	2.02
其他机械费	%	10	10
编　　　号		HF0604	HF0605

（2）杆上变压器

单位：台

项　　目	单位	10 kV 容量（kVA）	
		≤80	≤160
工　　长	工时	3.7	4.7
高　级　工	工时	18.3	23.9
中　级　工	工时	30.6	39.8
初　级　工	工时	8.5	11.1
合　　计	工时	61.1	79.5
棉　纱　头	kg	0.10	0.10
汽　　油	kg	0.15	0.15
镀锌铁丝　8#~12#	kg	1.02	1.02
调　和　漆	kg	0.61	0.82
防　锈　漆	kg	0.31	0.51
钢　板　垫　板	kg	4.16	4.16
钢　锯　条	根	1.53	1.53
电力复合脂	kg	0.10	0.10
镀锌圆钢　Φ10~14	kg	4.10	4.10
精制螺栓　M16×100 以内	套	4.18	4.18
其他材料费	%	12	12
汽车起重机　5 t	台时	3.36	3.36
其他机械费	%	10	10
编　　号		HF0606	HF0607

六-3 变压器干燥

项　　目	单位	10 kV 容量（kVA）	
		≤80	≤160
工　　长	工时	2.7	3.4
高　级　工	工时	17.1	19.7
中　级　工	工时	28.0	32.2
初　级　工	工时	7.5	8.9
合　　计	工时	55.3	64.2
镀锌铁丝 8# ~ 10#	kg	1.33	1.42
电	kW·h	102.41	125.26
滤油纸 300×300	张	55.08	55.08
石棉布 δ=2.5	m²	1.15	1.18
木　　材	m³	0.10	0.10
磁化线圈 BLX-35	m	15.30	15.30
其他材料费	%	5	5
滤油机	台时	2.15	2.52
其他机械费	%	10	10
编　　号		HF0608	HF0609

六-4 变压器油过滤

单位：t

项 目	单位	数量
工 长	工时	1.6
高 级 工	工时	8.3
中 级 工	工时	13.9
初 级 工	工时	3.9
合 计	工时	27.7
棉 纱 头	kg	0.31
镀锌铁丝 8# ~ 12#	kg	0.41
钢 板 $\delta = 4 \sim 10$	kg	27.06
滤 油 纸 300 × 300	张	73.44
黑 胶 布 20 mm × 20 m	卷	0.04
变 压 器 油	kg	18.36
其他材料费	%	20
汽车起重机 5 t	台时	0.40
滤 油 机	台时	5.65
真空滤油机 ≤100 L/min	台时	2.42
其他机械费	%	10
编 号		HF0610

六 - 5　柴油发电机组

(1) 柴油发电机组

单位：组

项　　目	单位	≤100 kW	≤200 kW	≤400 kW
工　　　　　长	工时	10.2	12.5	18.3
高　级　工	工时	51.2	62.3	91.8
中　级　工	工时	122.8	149.6	220.1
初　级　工	工时	20.4	24.9	36.7
合　　　　　计	工时	204.6	249.3	366.9
棉　纱　头	kg	0.57	0.58	0.77
棉　　　布	kg	0.79	0.85	1.07
塑　料　布	kg	1.71	1.71	2.85
电　焊　条	kg	0.24	0.24	0.34
镀　锌　铁　丝　8# ~ 12#	kg	2.04	3.06	4.08
镀　锌　扁　钢	kg	9.18	9.18	13.77
白　　　布	m	0.28	0.32	0.47
平　垫　铁	kg	4.14	4.14	6.22
斜　垫　铁	kg	4.26	4.26	6.39
铁　　　钉	kg	0.03	0.04	0.07
煤　　　油	kg	3.39	3.52	4.04
柴　　　油	kg	31.70	44.49	56.92
机　　　油	kg	0.60	0.62	0.68
黄　　　油　钙基脂	kg	0.20	0.20	0.20
铅　　　油	kg	0.05	0.05	0.05
白　　　漆	kg	0.08	0.08	0.10
聚酯乙烯泡沫塑料	kg	0.14	0.14	0.17
其 他 材 料 费	%	20	20	20

项　　目	单位	≤100 kW	≤200 kW	≤400 kW
汽 车 起 重 机　8 t	台时	1.34	2.02	
汽 车 起 重 机　16 t	台时			2.02
载 重 汽 车　8 t	台时	1.68	2.52	3.36
内 燃 叉 车　6 t	台时	1.34	2.02	2.69
交 流 电 焊 机　25 kVA	台时	0.67	0.67	1.34
其 他 机 械 费	%	15	15	15
编　　　号		HF0611	HF0612	HF0613

（2）机组体外排气系统

单位：套

项　　目	单位	≤100 kW	≤200 kW	≤400 kW
工　　长	工时	2.9	3.1	3.5
高 级 工	工时	14.4	15.2	17.4
中 级 工	工时	34.6	36.7	41.9
初 级 工	工时	5.8	6.1	7.0
合　　计	工时	57.7	61.1	69.8
编　　　号		HF0614	HF0615	HF0616

六-6 跌落式熔断器

单位：组

项　　目	单位	数量
工　　长	工时	0.7
高　级　工	工时	3.2
中　级　工	工时	4.2
初　级　工	工时	2.1
合　　计	工时	10.2
棉纱头	kg	0.10
调和漆	kg	0.20
防锈漆	kg	0.10
钢锯条	根	1.02
电力复合脂　一级	kg	0.05
镀锌圆钢　Φ10~14	kg	4.10
铁绑线　Φ2	m	3.67
镀锌螺栓　M12×100以内	套	6.22
镀锌螺栓　M16×100以内	套	3.16
其他材料费	%	5
编　　号		HF0617

·239·

六-7 杆上避雷器

项　　目	单位	0.4 kV	10 kV
工　　长	工时	0.3	0.6
高　级　工	工时	1.6	3.3
中　级　工	工时	2.4	4.8
初　级　工	工时	1.0	2.2
合　　计	工时	5.3	10.9
棉　纱　头	kg	0.05	0.10
调　和　漆	kg	0.15	0.20
防　锈　漆	kg	0.08	0.10
钢　锯　条	根	0.51	1.02
电力复合脂	kg	0.05	0.05
镀锌圆钢　Φ10~14	kg	4.10	4.10
铁绑线　Φ2	m	2.04	3.67
镀锌螺栓　M12×100 以内	套	1.63	2.04
镀锌螺栓　M16×100 以内	套	7.34	9.38
镀锌接地板　40×5×120	个	1.47	2.12
其他材料费	%	5	5
编　　号		HF0618	HF0619

六-8 组合式变电站

项　　目	单位	10 kV 容量（kVA）	
		≤100	≤315
工　　　长	工时	6.2	8.1
高　级　工	工时	30.9	40.5
中　级　工	工时	51.5	67.6
初　级　工	工时	14.4	19.0
合　　　计	工时	103.0	135.2
棉　纱　头	kg	0.15	0.15
铁　砂　布	m²	2.04	2.55
电　焊　条	kg	0.26	0.26
汽　　　油	kg	0.82	0.82
调　和　漆	kg	0.61	0.61
防　锈　漆	kg	0.61	0.61
钢　板　垫　板	kg	11.22	14.79
钢　锯　条	根	1.02	1.02
电　力　复　合　脂	kg	0.20	0.20
镀　锌　扁　钢	kg	146.88	171.36
白　　　布	m	0.82	0.82
镀 锌 螺 栓　M16×250 以内	套	6.22	6.22
其他材料费	%	12	12
汽车起重机　5 t	台时	3.36	3.36
载 重 汽 车　5 t	台时	3.36	3.36
交流电焊机　25 kVA	台时	1.68	1.68
其他机械费	%	10	10
编　　　号		HF0620	HF0621

六 - 9　高压开关柜（真空断路器）

单位：台

项　　目	单位	10 kV	35 kV
工　　　　长	工时	2.3	4.2
高　级　工	工时	9.6	18.2
中　级　工	工时	16.1	30.5
初　级　工	工时	4.1	7.9
合　　　计	工时	32.1	60.8
棉　纱　头	kg	0.51	0.51
电　焊　条	kg	0.31	0.36
汽　　　　油	kg	0.26	1.02
调　和　漆	kg	0.51	1.02
防　锈　漆	kg	0.51	0.51
电 力 复 合 脂	kg	0.31	0.31
镀　锌　扁　钢	kg	5.10	5.10
平　垫　铁	kg	0.51	0.77
镀 锌 六 角 螺 栓	kg	1.28	2.59
铜芯塑料绝缘线　500 V BV - 2.5	m	2.04	3.06
砂 轮 切 割 片　Φ400	片	0.51	0.51
其 他 材 料 费	%	10	10
汽 车 起 重 机　5 t	台时	0.67	1.34
载 重 汽 车　5 t	台时	1.01	1.34
卷 扬 机　单筒慢速 3 t	台时	0.40	1.34
交 流 电 焊 机　25 kVA	台时	0.67	2.02
其 他 机 械 费	%	10	10
编　　号		HF0622	HF0623

第九章

起重设备安装

说　明

一、本章包括桥式起重机、液压启闭机、卷扬式启闭机、螺杆式启闭机、电动葫芦、单轨小车、工字钢轨道安装，共 7 节。

二、本章定额子目工作内容

1. 桥式起重机安装

本节按桥式起重机起重能力分为 5 t 一个子目，以"台"为计量单位。

工作内容包括设备各部件清点、检查，行走机构安装，起重机构安装，行程限制器及其他附件安装，电气设备安装和调试，空载和负荷试验。

有关桥式起重机的跨度、整体或分段到货、单小车或双小车负荷试验方式等问题均已包括在定额内，使用时一律不作调整。

本节不包括轨道和滑触线安装、负荷试验物的制作和运输。

转子起吊如使用平衡梁，桥式起重机的安装按主钩起重能力加平衡梁重量之和选用子目，平衡梁的安装不再单列。

2. 液压启闭机安装

本节按液压启闭机设备自重分为 3 t、5 t、7 t 三个子目，以"台"为计量单位。

工作内容包括设备各部件清点、检查，埋设件及基础框架安装，设备本体安装，辅助设备及管路安装，油系统设备安装及油过滤，电气设备安装和调试，机械调整及耐压试验，机、电、液联调，与闸门连接及启闭试验。

本节不包括系统油管的安装和设备用油。

3. 卷扬式启闭机安装

本节按卷扬式启闭机设备自重分为 1 t、2 t、3 t、4 t 四个子目，以"台"为计量单位，适用于固定式或台车式、单节点和双节点卷扬式的闸门启闭机安装。

工作内容包括设备清点、检查，基础埋设，本体及附件安装，电气设备安装和调试，与闸门连接及启闭试验。

本节系按固定卷扬式启闭机拟定，如为台车式，安装定额乘以1.2系数，单节点和双节点不作调整。

本节不包括轨道安装。

4. 螺杆式启闭机安装

本节按螺杆式启闭机自重分为0.5 t、1 t、2 t、3 t、4 t五个子目，以"台"为计量单位。

工作内容包括设备清点、检查，基础埋设，本体及附件安装，电气设备安装和调试，与闸门连接及启闭试验。

本节适用于电动或手、电两用的螺杆式闸门启闭机安装。

5. 电动葫芦安装

本节按电动葫芦起重能力分为1 t、3 t、5 t、10 t四个子目，以"台"为计量单位。

工作内容包括设备清点、检查，本体及附件安装，电气设备安装和调试，与闸门连接及启闭试验。

本节不包括轨道安装。

6. 单轨小车安装

本节按单轨小车起重能力分为1 t、3 t、5 t、10 t四个子目，以"台"为计量单位。

工作内容包括设备清点、检查，本体及附件安装，空载和负荷试验。

7. 工字钢轨道安装

本节按工字钢型号分为 $I_{12.6}$、I_{14}、I_{16}、I_{18} 四个子目，以"10 m"为计量单位。

工作内容包括预埋件埋设，轨道校正、安装，附件安装。

安装弧形轨道时，工字钢轨道子目中人工、机械定额乘以 1.2 系数。

未计价材料，包括轨道及主要附件。

九-1 桥式起重机

项　　目	单位	起重能力5 t
工　　　　长	工时	77.4
高　级　工	工时	388.6
中　级　工	工时	700.0
初　级　工	工时	388.6
合　　　计	工时	1554.6
钢　　板	kg	62.02
型　　钢	kg	114.42
垫　　铁	kg	35.64
氧　　气	m³	10.03
乙　炔　气	m³	4.01
电　焊　条	kg	8.50
汽　　油	kg	4.98
柴　　油	kg	10.67
油　　漆	kg	7.21
木　　材	m³	0.46
棉　纱　头	kg	8.68
机　　油	kg	6.56
黄　　油	kg	11.22
绝　缘　线	m	37.52
其他材料费	%	25
汽车起重机　8 t	台时	15.75
电动卷扬机　5 t	台时	27.68
电　焊　机　交流25 kVA	台时	9.45
空气压缩机　9 m³/min	台时	9.45
载　重　汽　车　5 t	台时	6.30
其他机械费	%	10
编　　号		HF0901

九－2 液压启闭机

单位：台

项　　　目	单位	设备自重		
		3 t	5 t	7 t
工　　　　长	工时	54.2	83.7	113.2
高　级　工	工时	270.5	417.5	564.4
中　级　工	工时	396.7	612.2	827.8
初　级　工	工时	180.5	278.5	376.6
合　　　　计	工时	901.9	1391.9	1882.0
钢　　　板	kg	89.07	113.84	138.62
型　　　钢	kg	135.70	168.48	201.27
垫　　　铁	kg	4.94	6.13	7.32
氧　　　气	m³	7.51	7.51	7.51
乙　炔　气	m³	3.32	3.32	3.32
电　焊　条	kg	4.90	6.12	7.34
汽　　　油	kg	15.94	19.13	22.32
柴　　　油	kg	28.05	33.66	39.27
油　　　漆	kg	12.24	12.24	12.24
木　　　材	m³	0.59	0.63	0.67
绝　缘　线	m	2.96	3.67	4.40
棉　纱　头	kg	3.95	4.91	5.85
机　　　油	kg	13.82	17.16	20.49
黄　　　油	kg	16.28	20.22	24.15
其他材料费	%	10	10	10
汽车起重机　5 t	台时	18.89		
汽车起重机　8 t	台时		20.98	23.07
电动卷扬机　5 t	台时	17.01	28.35	39.69
电　焊　机　交流25 kVA	台时	10.35	13.80	17.25
载重汽车　5 t	台时	1.58	2.63	3.68
其他机械费	%	10	10	10
编　　　号		HF0902	HF0903	HF0904

九 - 3 卷扬式启闭机

单位：台

项　　目	单位	设备自重			
		1 t	2 t	3 t	4 t
工　　　　长	工时	16.3	18.3	20.5	22.6
高　级　工	工时	81.9	92.6	103.3	113.9
中　级　工	工时	164.5	185.9	207.3	228.9
初　级　工	工时	65.6	74.3	82.8	91.4
合　　　计	工时	328.3	371.1	413.9	456.8
钢　　板	kg	11.90	14.28	16.66	19.04
型　　钢	kg	27.76	33.32	38.87	44.43
垫　　铁	kg	11.90	14.28	16.66	19.04
氧　　气	m^3	11.22	11.22	11.22	11.22
乙　炔　气	m^3	5.10	5.10	5.10	5.10
电　焊　条	kg	2.72	3.06	3.40	3.74
汽　　油	kg	2.38	3.06	3.74	4.42
柴　　油	kg	3.34	4.28	5.23	6.19
油　　漆	kg	3.74	4.08	4.42	4.76
绝　缘　线	m	12.71	15.90	19.10	22.30
木　　材	m^3	0.11	0.13	0.16	0.18
棉　　布	kg	0.51	0.63	0.77	0.89
棉　纱　头	kg	1.52	1.91	2.30	2.67
机　　油	kg	1.52	1.91	2.30	2.67
黄　　油	kg	2.03	2.54	3.06	3.57
其他材料费	%	15	15	15	15
汽车起重机　5 t	台时	5.29	5.81	6.32	6.84
电　焊　机　交流 25 kVA	台时	10.50	10.50	10.50	10.50
载　重　汽　车　5 t	台时	2.27	2.49	2.71	2.93
其他机械费	%	10	10	10	10
编　　　　号		HF0905	HF0906	HF0907	HF0908

九-4 螺杆式启闭机

项 目	单位	设备自重				
		0.5 t	1 t	2 t	3 t	4 t
工 长	工时	10.4	13.2	15.6	17.7	20.2
高 级 工	工时	52.4	66.3	78.6	89.4	101.8
中 级 工	工时	105.3	133.2	157.9	179.6	204.4
初 级 工	工时	42.0	53.1	63.0	71.7	81.6
合 计	工时	210.1	265.8	315.1	358.4	408.0
钢 板	kg	20.40	25.50	30.60	35.70	40.80
氧 气	m³	6.12	6.12	10.20	10.20	11.22
乙 炔 气	m³	2.65	2.65	4.39	4.39	4.90
电 焊 条	kg	1.02	1.28	1.53	1.79	2.04
汽 油	kg	1.53	1.53	2.04	2.04	2.55
油 漆	kg	2.04	2.04	2.55	2.55	3.06
其他材料费	%	10	10	10	10	10
汽车起重机 5 t	台时	1.80	1.80	3.64	4.73	7.09
电 焊 机 交流25 kVA	台时	2.63	2.63	5.25	6.30	7.88
载 重 汽 车 5 t	台时	1.26	1.47	1.89	2.31	2.73
其他机械费	%	5	5	5	5	5
编 号		HF0909	HF0910	HF0911	HF0912	HF0913

九－5　电动葫芦

项　目	单位	起重能力			
		1 t	3 t	5 t	10 t
工　　长	工时	1.4	2.9	4.3	7.8
高　级　工	工时	7.3	14.4	21.6	39.6
中　级　工	工时	14.6	29.0	43.4	79.3
初　级　工	工时	5.9	11.6	17.3	31.7
合　　计	工时	29.2	57.9	86.6	158.4
木　　板	m³	0.002	0.002	0.003	0.004
汽　　油	kg	0.59	0.63	0.66	0.77
煤　　油	kg	1.59	1.63	1.67	1.77
机　　油	kg	0.86	0.88	0.89	0.92
黄　　油	kg	1.47	1.49	1.50	1.55
棉　纱　头	kg	0.09	0.11	0.24	0.57
棉　　布	kg	1.64	1.75	1.87	2.14
其他材料费	%	15	15	15	15
载重汽车 5 t	台时	0.37	0.44	0.50	0.67
电动卷扬机 5 t	台时	11.09	13.10	15.12	20.16
其他机械费	%	10	10	10	10
编　　号		HF0914	HF0915	HF0916	H0917

九-6 单轨小车

项 目	单位	起重能力			
		1 t	3 t	5 t	10 t
工 长	工时	1.3	1.8	2.1	2.9
高 级 工	工时	6.8	8.5	10.3	14.7
中 级 工	工时	13.7	17.2	20.8	29.6
初 级 工	工时	5.5	6.9	8.2	11.8
合 计	工时	27.3	34.4	41.4	59.0
木 板	m³	0.002	0.003	0.003	0.004
汽 油	kg	0.37	0.44	0.52	0.71
煤 油	kg	1.37	1.47	1.57	1.84
机 油	kg	0.64	0.68	0.72	0.82
黄 油	kg	1.26	1.31	1.34	1.43
棉 纱 头	kg	0.27	0.27	0.27	0.28
棉 布	kg	0.62	0.63	0.64	0.67
其他材料费	%	15	15	15	15
编 号		HF0918	HF0919	HF0920	HF0921

九 – 7 工字钢轨道

项 目	单位	工字钢型号			
		$I_{12.6}$	I_{14}	I_{16}	I_{18}
工　　　长	工时	3.9	4.1	4.3	4.5
高　级　工	工时	15.6	16.6	17.3	18.2
中　级　工	工时	38.4	41.0	42.6	45.0
初　级　工	工时	19.0	20.3	21.1	22.2
合　　　计	工时	76.9	82.0	85.3	89.9
工字钢连板	kg	3.89	4.58	6.86	8.16
钢　　　板	kg	0.73	0.73	0.73	1.05
电　焊　条	kg	1.35	1.72	2.46	2.72
氧　　　气	m³	2.73	2.91	3.00	3.56
乙　炔　气	m³	0.82	0.87	0.89	1.06
调　和　漆	kg	0.85	0.92	1.03	1.13
防　锈　漆	kg	1.25	1.37	1.53	1.69
香　蕉　水	kg	0.12	0.15	0.15	0.18
其他材料费	%	10	10	10	10
电动卷扬机　5 t	台时	1.28	1.34	1.48	1.54
摩擦压力机　300 t	台时	0.61	0.67	0.81	0.95
电　焊　机　交流 25 kVA	台时	1.93	2.42	3.47	4.03
其他机械费	%	5	5	5	5
编　　　号		HF0922	HF0923	HF0924	HF0925

第十章

闸门安装

说　明

一、本章包括钢筋混凝土闸门安装、铸铁闸门安装，共 2 节。

二、本章定额子目工作内容

1. 钢筋混凝土闸门安装

本节按钢筋混凝土闸门每扇门自重分为≤5 t、≤10 t、≤15 t 三个子目，以"t"为计量单位，包括本体及其附件等全部重量。

工作内容包括行走支承装置安装，锁锭安装，止水装置安装，闸门本体吊装，吊杆和其他附件安装，启闭试验。

2. 铸铁闸门安装

本节按铸铁闸门孔口尺寸（宽×高）(mm) 分为 1200×1200 以内、1500×1500 以内、2000×2000 以内、2500×2500 以内、3000×3000 以内五个子目，以"套"为计量单位。

工作内容包括设备清点、检查，二期混凝土浇筑，闸门安装，启闭试验。

十-1 钢筋混凝土闸门

单位: t

项　　目	单位	每扇闸门自重（t）		
		≤5	≤10	≤15
工　　　长	工时	2.6	2.3	1.8
高　级　工	工时	13.4	11.8	9.0
中　级　工	工时	23.2	20.5	15.6
初　级　工	工时	13.4	11.8	9.0
合　　　计	工时	52.6	46.4	35.4
钢　　　板	kg	5.10	4.59	4.08
氧　　　气	m³	1.02	1.02	1.02
乙　炔　气	m³	0.41	0.41	0.41
电　焊　条	kg	2.04	1.84	1.63
其他材料费	%	10	10	10
汽车起重机　10 t	台时	1.65		
汽车起重机　16 t	台时		1.21	
汽车起重机　25 t	台时			0.90
电　焊　机　交流　25 kVA	台时	1.58	1.58	1.58
其他机械费	%	5	5	5
编　　　号		HF1001	HF1002	HF1003

注：闸门止水装置的橡皮和木质水封、导轮及安装组合螺栓等均不包括在本定额
内，应作为设备部件考虑。

十 – 2   铸铁闸门

项　　目	单位	宽×高（mm 以内）		
		1200×1200	1500×1500	2000×2000
工　　　　长	工时	8.8	10.5	14.3
高　级　工	工时	45.3	54.6	74.2
中　级　工	工时	78.4	94.6	128.4
初　级　工	工时	45.3	54.6	74.2
合　　　　计	工时	177.8	214.3	291.1
镀锌铁丝	kg	2.04	2.04	2.04
木　　　材	m³	0.03	0.04	0.05
枕　　木 250×200×2000	根	0.26	0.34	0.41
膨胀水泥	kg	215.22	282.03	416.16
砂　　　子	m³	0.34	0.46	0.71
碎　　　石	m³	0.38	0.53	0.82
棉　　　纱	kg	0.31	0.39	0.51
电　焊　条	kg	0.37	0.43	0.49
平　垫　铁	kg	12.24	13.77	15.30
斜　垫　铁	kg	41.94	47.19	52.43
棉　　　布	kg	0.31	0.39	0.51
黄　　　油	kg	1.33	1.48	1.73
机　　　油	kg	0.31	0.39	0.51
煤　　　油	kg	0.92	1.17	1.63
其他材料费	%	15	15	15
汽车起重机 8 t	台时	1.14	1.07	0.54
汽车起重机 12 t	台时		0.61	1.82
载重汽车 5 t	台时	0.34	0.40	0.54
电　焊　机 直流30 kW	台时	0.62	0.72	0.83
其他机械费	%	10	10	10
编　　　号		HF1004	HF1005	HF1006

続表

项 目	单位	宽×高（mm 以内）	
		2500×2500	3000×3000
工　　长	工时	19.2	25.1
高 级 工	工时	99.6	130.5
中 级 工	工时	172.3	226.0
初 级 工	工时	99.6	130.5
合　　计	工时	390.7	512.1
镀锌铁丝	kg	2.04	2.04
木　　材	m³	0.07	0.09
枕　木　250×200×2000	根	0.54	0.70
膨胀水泥	kg	592.75	807.80
砂　　子	m³	1.05	1.45
碎　　石	m³	1.20	1.67
棉　　纱	kg	0.69	0.91
电 焊 条	kg	0.60	0.72
平 垫 铁	kg	17.98	21.13
斜 垫 铁	kg	61.64	72.42
棉　　布	kg	0.69	0.91
黄　　油	kg	2.09	2.53
机　　油	kg	0.69	0.91
煤　　油	kg	2.25	3.02
其他材料费	%	15	15
汽车起重机　8 t	台时	0.70	0.91
汽车起重机　12 t	台时	3.37	5.27
载重汽车　5 t	台时	1.62	2.31
电 焊 机　直流30 kW	台时	1.92	2.61
其他机械费	%	10	10
编　　号		HF1007	HF1008

· 260 ·

第三篇 黄河防洪工程
施工机械台时费定额

目　录

说　明

一、《黄河防洪工程施工机械台时费定额》（以下简称本定额），是根据黄河防洪工程建设实际，对水利部颁发的《水利工程施工机械台时费定额》（2002）的补充，类的编号与其一致。本定额适用于黄河防洪建筑安装工程，内容包括土石方机械、钻孔灌浆机械、工程船舶及其他机械，共四类。

二、本定额以台时为计量单位。

三、本定额由两类费用组成，定额表中以（一）、（二）表示。

一类费用分为折旧费、修理及替换设备费（含大修理费、经常性修理费）和安装拆卸费，以金额表示。

二类费用分为人工、动力、燃料或消耗材料，以工时数量和实物消耗量表示，其费用按国家规定的人工工资计算办法和工程所在地的物价水平分别计算。

四、各类费用的定义及取费原则

1. 折旧费：指机械在寿命期内回收原值的台时折旧摊销费用。

2. 修理及替换设备费：指机械使用过程中，为了使机械保持正常功能而进行修理所需费用、日常保养所需的润滑油料费、擦拭用品费、机械保管费以及替换设备、随机使用的工具附具等所需的台时摊销费用。

3. 安装拆卸费：指机械进出工地的安装、拆卸、试运转和场内转移及辅助设施的摊销费用。不需要安装拆卸的施工机械，台时费中不计列此项费用。

4. 人工：指机械使用时机上操作人员的工时消耗，包括机械运转时间、辅助时间、用餐、交接班以及必要的机械正常中断时间。台时费中人工费按中级工计算。

5. 动力、燃料或消耗材料：指正常运转所需的风（压缩空气）、水、电、油及煤等。其中，机械消耗电量包括机械本身和最后一级降压变压器侧至施工用电点之间的线路损耗。

一、土石方机械

项　　目		单位	单斗挖掘机	振动碾
			液压	小型
			斗容（m³）	重量（t）
			0.5	1.8
（一）	折　旧　费	元	29.05	8.25
	修理及替换设备费	元	17.04	2.92
	安 装 拆 卸 费	元	1.35	
	小　　　计	元	47.44	11.17
（二）	人　　　工	工时	2.7	2.0
	汽　　　油	kg		
	柴　　　油	kg	9.3	2.1
	电	kW·h		
	风	m³		
	水	m³		
	煤	kg		
编　　　号			HF101	HF102

六、钻孔灌浆机械

项　　目	单位	回旋钻机 Φ1500 mm 以内	振动切槽机 DZ290 （功率 120 kW）	打锥机
折　旧　费	元	30.31	31.33	4.00
修理及替换设备费	元	46.13	34.15	8.56
安装 拆卸 费	元	1.36	0.31	1.40
小　　计	元	77.80	69.79	13.96
人　　工	工时	2.0	5.0	1.8
汽　　油	kg			
柴　　油	kg			2.1
电	kW·h	50.0	93.9	
风	m³			
水	m³			
煤	kg			
编　　号		HF601	HF602	HF603

(一)

(二)

七、工程船舶

| 项 目 | 单位 | 水力冲挖机组 | | | |
		高压水泵 22 kW	水枪 Φ65 mm	泥浆泵 22 kW	排泥管 Φ150 mm 长 100 m
(一)					
折 旧 费	元	0.90	1.02	1.28	1.23
修理及替换设备费	元	2.14	2.04	2.43	0.23
安 装 拆 卸 费	元	0.43		0.61	
小 计	元	3.47	3.06	4.32	1.46
人 工	工时	0.7	2.0	0.7	
(二)					
电	kW·h	20.5		17.6	
风	m³				
水	m³				
煤	kg				
编 号		HF701	HF702	HF703	HF704

续表

| 项　目 | 单位 | 泥浆泵 功率（kW） | | 高压水泵 功率（kW） |
		100	136	7.5
（一）折　旧　费	元	8.94	11.69	0.79
修理及替换设备费	元	15.20	18.70	1.88
安　装　拆　卸　费	元	3.80	4.68	0.38
小　　　　　计	元	27.94	35.07	3.05
（二）人　　工	工时	3.0	3.0	0.7
汽　油	kg			
柴　油	kg	22.3	29.5	
电	kW·h			7.0
风	m³			
水	m³			
煤	kg			
编　　　号		HF705	HF706	HF707

· 269 ·

	项目	单位	冲吸式挖泥船 功率（kW） 136	机动船 功率（kW） 11	机动船 功率（kW） 25
（一）	折旧费	元	32.95	1.68	3.50
	修理及替换设备费	元	37.19	1.46	3.35
	安装拆卸费	元			
	小计	元	70.14	3.14	6.85
（二）	人工	工时	4.5	2.0	2.7
	汽油	kg			
	柴油	kg	30.5	0.5	3.3
	电	kW·h			
	风	m³			
	水	m³			
	煤	kg			
	编号		HF708	HF709	HF710

九、其他机械

项目	单位	铅丝笼网片编织机 功率（kW）、 最大幅宽（m） 22、43	挖坑机	摩擦压力机 300 t
（一）				
折　旧　费	元	33.82	16.00	24.07
修理及替换设备费	元	30.44	10.40	6.70
安　装　拆　卸　费	元			
小　　　　计	元	64.26	26.40	30.77
（二）				
人　工	工时	14.0	1.3	3.1
汽　油	kg			
柴　油	kg			
电	kW·h	22.0	12.3	15.1
风	m³			
水	m³			
煤	kg			
编　号		HF901	HF902	HF903